정 밀 측 정 실 습

학년	학년	반
학번		
이름		
담당교수		

머 리 말

우리는 일상생활을 통해 '측정'이란 말을 자주 듣게 됩니다. 각각의 부품들은 고유한 형상 및 치수 등을 가지고 있으며, 측정을 통해 치수 · 형상 · 표면 등의 상태를 정확하게 확인할 수 있습니다.

산업기술의 발달로 전기, 전자, 항공, 기계 산업 등 전 분야에서 제품이 소형화 · 정밀화되고 있으며, 4차 산업을 계기로 측정의 중요성이 더욱 부각되고 있습니다. 측정은 이제 제품의 품질과 연계해 기업의 경쟁력 제고에 매우 중요한 역할을 하게 되었습니다. 이에 따라 전문대학이나 한국폴리텍대학 등에서도 정밀측정 관련 수업이 점차 증가하는 추세입니다. 그러나 시중에는 이에 대한 체계적 실습을 할 수 있는 관련서적이 부족한 것이 현실입니다.

이에 학생들의 눈높이에 맞춰 최대한 측정을 쉽게 이해하고, 스스로 자기학습을 통해 측정의 원리와 구조를 이해할 수 있도록 했습니다. 기계계열의 측정분야 NCS과정을 참조하여 학기별 18과제의 정밀측정실습을 바탕으로 구성하여 측정에 입문하는 길라잡이 교재로 많이 활용되기를 바라며, 부록편을 통해 정밀측정산업기사 실기문제분석(필답형, 작업형)에 대하여 쉽게 이해할 수 있도록 설명하였습니다. 또한 정밀측정관련 자격증 취득을 준비하는 수험생들에게 이해와 도움이 되기를 기대합니다.

이 책을 집필하면서 국내의 많은 기술서적과 자료 등을 참고하였습니다.

마지막으로 이 책이 정밀측정을 공부하는 학생들과 현업에 계시는 담당자들에게 측정을 이해하는 기준서가 되기를 희망합니다. 다소 부족함이 있었지만 세상에서 가장 소중하고 아름다운 책으로 탄생할 수 있도록 출판에 힘써주신 도서출판 대가 사장님 및 직원분들의 노고에 진심으로 감사드립니다.

2020년 3월

저자 정현석

목 차

PART 01 정밀측정실습 과제명

PART 02 정밀측정 산업기사 문제분석 |필답형(4문제)|

PART 03 정밀측정 산업기사 문제분석 |작업형(4문제)|

PART 01

정밀측정실습 과제명

1 • 버니어캘리퍼스(vernier calipers) 측정
2 • 마이크로미터(Micrometer) 측정
3 • 하이트마이크로미터 측정
4 • 하이트마이크로미터를 이용한 위치편차 측정
5 • 다이얼게이지 & 실린더게이지를 이용한 내경 측정
6 • 투영기를 이용한 제품 형상 및 위치측정
7 • 롤러이용 외경테이퍼 측정
8 • 볼을 이용한 내경테이퍼 측정
9 • 사인바를 이용한 경사도 측정
10 • 사인센터를 이용한 경사도 측정
11 • 더브테일 측정
12 • 롤러를 이용한 경사각 측정
13 • V블록 각도 측정
14 • 오퍼핀법에 의한 기어 이두께 측정
15 • 걸치기 이두께 측정
16 • 나사 유효지름 측정
17 • 오토콜리미터를 이용한 각도측정
18 • 수준기를 이용한 정반 진직도 측정

1 버니어캘리퍼스(vernier calipers) 측정

과제명	버니어캘리퍼스를 이용한 길이측정 및 교정실습
목 표	1. 버니어캘리퍼스의 구조 및 작동 원리를 알 수 있다. 2. 버니어캘리퍼스의 기차를 측정할 수 있다. 3. KS규격에 따라 길이측정기를 교정할 수 있다.

사용측정기기	소요재료	안전 및 유의사항
1. 버니어캘리퍼스 2. 스텝게이지블록 3. 정밀정반	측정시편 길이부품 방청유 클리너 알코올	1. 정반면에 불순물 및 기름성분을 깨끗이 닦는다. 2. 내측교정 시 상하로 약간씩 기울이면서 버니어캘리퍼스의 최솟값을 측정값으로 한다. 3. 교정검사 시 5회 실시 후 평균값을 기록한다.

1.1 중요부 구조 및 명칭

1. 버니어캘리퍼스의 중요부에 대한 명칭을 기록하시오.

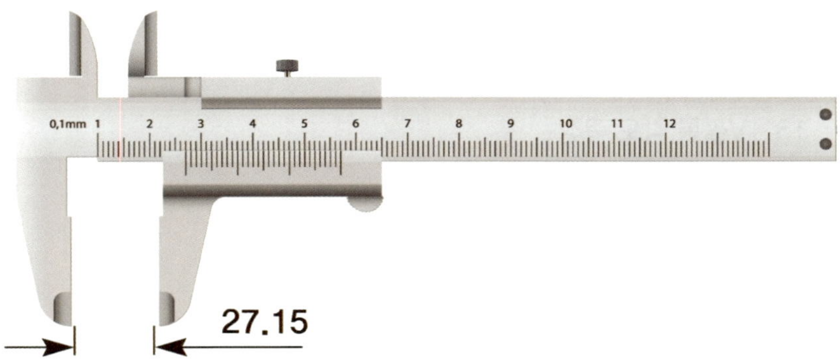

그림 1-1 버니어캘리퍼스 구조 및 명칭

1.2 눈금 읽는 법

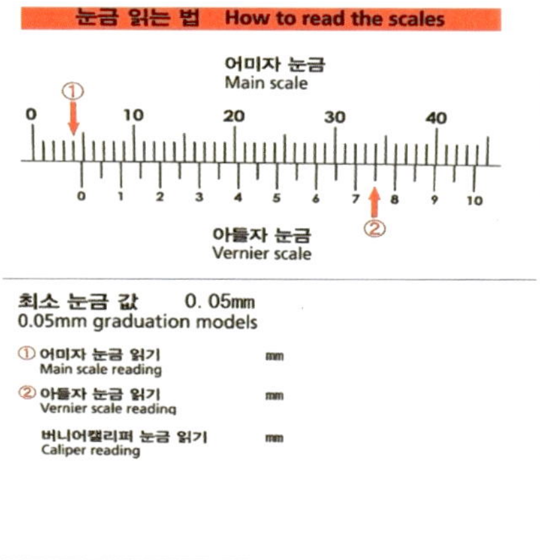

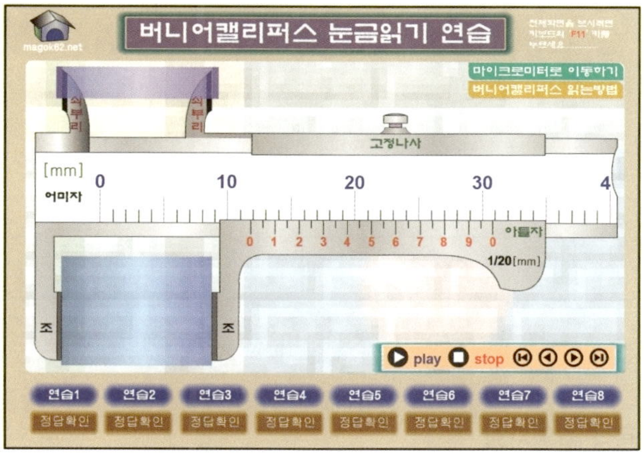

고찰 1 위에 그림에 치수값을 기록하고 눈금 읽는 원리를 설명하시오.

고찰 2 버니어캘리퍼스의 측정방법 및 특징에 대해 설명하시오.

순	측정방법	특징	비고
1	외경		
2	내경		
3	깊이		
4	단차		
5	재질		

고찰 3 버니어캘리퍼스의 종류에 대한 특징에 대해 서술하시오.

순	측정기 종류	특징	비고
1	M1		
2	M2		
3	CB		
4	CM		

1. 사용상 주의사항

① 영점 조정이 정확한가를 반드시 확인한다. 영점 조정에 오차가 있으면 측정 후 오차를 보정해 주어야 한다.

② 버니어캘리퍼스는 아베의 원리에 맞는 구조가 아니므로 외측 측정용 턱의 안쪽에서 측정하는 것이 바람직하다.

③ 외측 측정면의 끝 부분이 얇기 때문에 마모되기 쉽다. 따라서 가능한 한 안쪽에서 측정하도록 한다.

④ 내측 측정에 있어서는 안지름의 경우는 최대값을, 내측 홈의 경우는 최솟값을 취한다.

⑤ 버니어캘리퍼스에 필요 이상의 힘을 가하지 않도록 주의한다.

⑥ 회전 가공되고 있는 측정물은 측정하지 않는다.

⑦ 눈금 읽음 시 시차가 발생하기 쉬우므로 항상 눈금선에 대하여 수직 방향으로 읽는다.

2. 보관상 주의사항

① 각 측정면과 눈금 부위를 깨끗이 닦고 슬라이딩 부분은 급유한다.

② 깊이자는 반드시 본 자리로 들여보내 보관한다.

③ 측정기나 공구와 겹치지 않도록 주의한다.

1.3 측정실습(I)

과제명	버니어캘리퍼스를 이용한 길이측정	시간: 1 HR

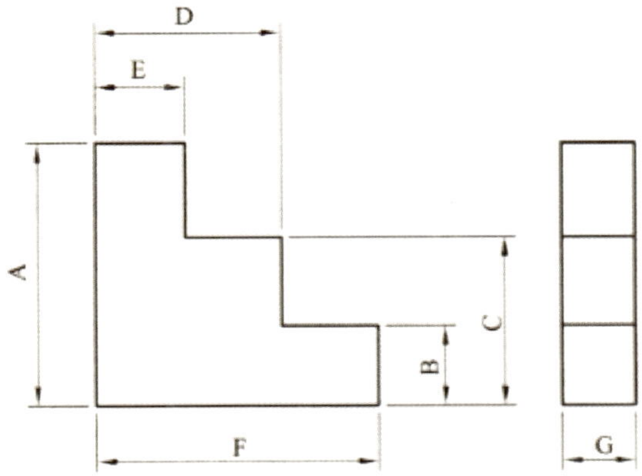

	항목	측정값					계산값			
		1회	2회	3회	4회	5회	평균	중위수	최빈값	표준편차
측정평가(70점)	A									
	B									
	C									
	D									
	E									
	F									
	G									

	작업평가(30점)				시간평가			
	측정방법 및 사용법	만점	양호	보통	소요시간( )			
평가	사용수칙 준수				측정평가	작업평가	시간평가	합계
	정리정돈							

* 버니어캘리퍼스를 사용하여 주어진 측정시편을 ±0.02 ㎜까지 측정하며 5회 반복 측정하여 평가표에 기입하고 다음 값들을 계산한다.

1.4 측정실습(II)

<table>
<tr><th colspan="2">과제명</th><th colspan="7">버니어캘리퍼스를 이용한 길이측정</th><th colspan="2">시간: 1 HR</th></tr>
<tr><td colspan="11"></td></tr>
<tr><td rowspan="9">측
정
평
가
(70점)</td><td rowspan="2">항목</td><td colspan="5">측정값</td><td colspan="4">계산값</td></tr>
<tr><td>1회</td><td>2회</td><td>3회</td><td>4회</td><td>5회</td><td>평균</td><td>중위수</td><td>최빈값</td><td>표준
편차</td></tr>
<tr><td></td><td></td><td></td><td></td><td></td><td></td><td></td><td></td><td></td><td></td></tr>
<tr><td></td><td></td><td></td><td></td><td></td><td></td><td></td><td></td><td></td><td></td></tr>
<tr><td></td><td></td><td></td><td></td><td></td><td></td><td></td><td></td><td></td><td></td></tr>
<tr><td></td><td></td><td></td><td></td><td></td><td></td><td></td><td></td><td></td><td></td></tr>
<tr><td></td><td></td><td></td><td></td><td></td><td></td><td></td><td></td><td></td><td></td></tr>
<tr><td></td><td></td><td></td><td></td><td></td><td></td><td></td><td></td><td></td><td></td></tr>
<tr><td></td><td></td><td></td><td></td><td></td><td></td><td></td><td></td><td></td><td></td></tr>
<tr><td rowspan="4">평
가</td><td colspan="6">작업평가(30점)</td><td colspan="4">시간평가</td></tr>
<tr><td colspan="3">측정방법 및 사용법</td><td>만점</td><td>양호</td><td>보통</td><td colspan="4">소요시간(　　)</td></tr>
<tr><td colspan="3">사용수칙 준수</td><td></td><td></td><td></td><td>측정
평가</td><td>작업
평가</td><td>시간
평가</td><td>합계</td></tr>
<tr><td colspan="3">정리정돈</td><td></td><td></td><td></td><td></td><td></td><td></td><td></td></tr>
</table>

* 버니어캘리퍼스를 사용하여 주어진 측정시편을 ±0.02 ㎜까지 측정하며 5회 반복 측정하여 평가표에 기입하고 다음 값들을 계산한다.

고찰 4 버니어캘리퍼스를 이용하여 제품 측정 후 계산값에 대한 의미 및 관련근거를 서술하시오.

1. 평균

2. 중위수

3. 최빈값

4. 표준편차

1.5 교정검사(calibration)

1. 스텝게이지 블록을 이용하는 방법

1) 내측, 외측을 캘리퍼 검사기의 구간에 따라 검사한다.

2) 버니어캘리퍼스의 종합정도는 KS규격에 준한다.

- 읽음값 0.05 ㎜ 버니어캘리퍼스, 허용측정 불확도(50+0.1L) μm

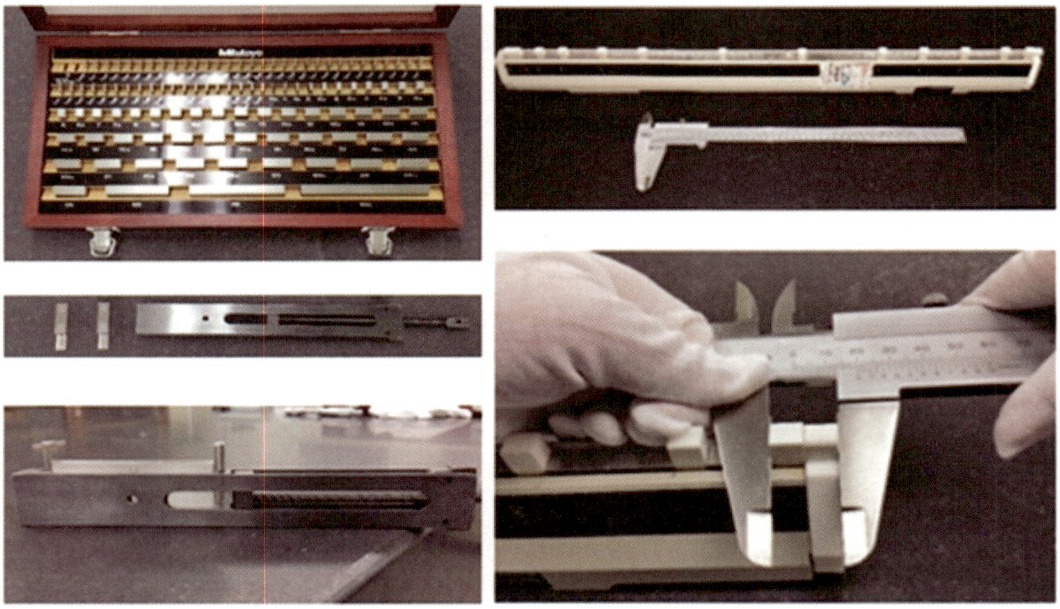

(a) 게이지블록, 부속품 이용 (b) 스텝게이지 이용

그림 1-2 스텝게이지블록을 이용한 교정검사

1.6 버니어캘리퍼스 교정실습

계측기명		규격	
모델명		최소 읽음값	
제조사		제조국가	

측정 횟수	기차(㎜)							비 고
	외측				내측			
	0	50	100	150	50	100	150	
1								
2								
3								
4								
5								
평균								
비고								

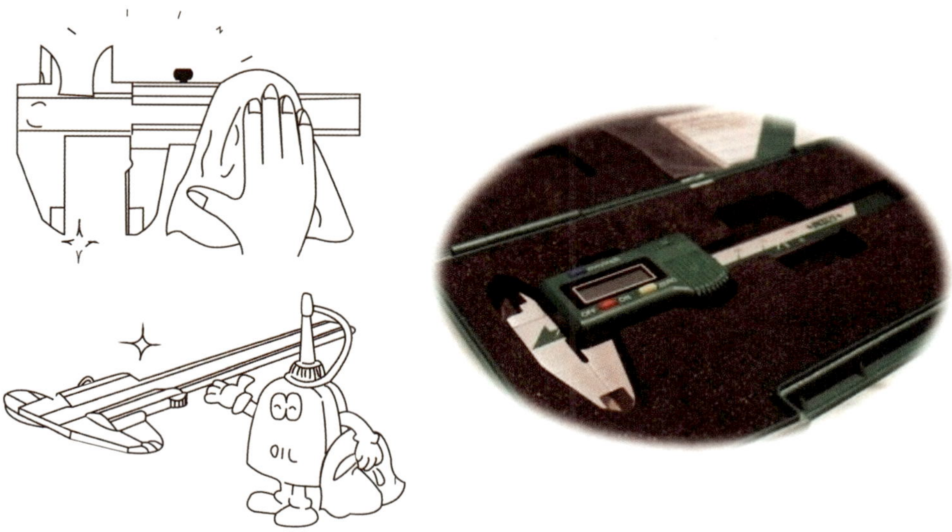

그림 1-3 버니어캘리퍼 보관방법

1.7 측정 시 주의사항

1. 아베의 원리에 대해 서술하시오.

1.8 결과 및 고찰

스케줄표

마무리 학습 점검표

순	점검내용	평가표					비고
		5	4	3	2	1	
1	버니어캘리퍼스의 구조 및 명칭을 정확하게 이해하고 있다						
2	측정기 눈금을 정확하게 읽고 기록할 수 있다						
3	마스터를 이용하여 측정기의 교정원리 및 기능을 이해할 수 있다						
4	30분 내 답안지를 제출할 수 있다						

2 마이크로미터(Micrometer) 측정

과제명	마이크로미터를 이용한 길이측정 및 교정실습
목 표	1. 외측마이크로미터의 측정구조 및 작동원리를 알 수 있다. 2. 옵티컬 파라렐의 측정원리를 알 수 있다. 3. 옵티컬 플랫의 측정원리를 알 수 있다. 4. KS규격에 따라 측정기를 교정할 수 있다.

사용측정기기	소요재료	안전 및 유의사항
1. 외측마이크로미터 2. 정밀정반 3. 게이지블록 4. 정밀정반 5. 옵티컬 플랫 6. 옵티컬 파라렐 세트 7. 단색 광원장치	측정시편 길이 부품 방청유 클리너 알코올 세무가죽	1. 정반면에 불순물 및 기름성분을 깨끗이 닦는다. 2. 장갑을 착용하고 마이크로미터는 스탠드에 고정하여 측정한다. 3. 평면도는 중앙부위에서 약간씩 움직였을 때 간섭무늬 수가 가장 적을 때를 기준으로 한다. 4. 평행도는 4개의 데이터 중 가장 큰 값을 취한다.

2.1 중요부 구조 및 명칭

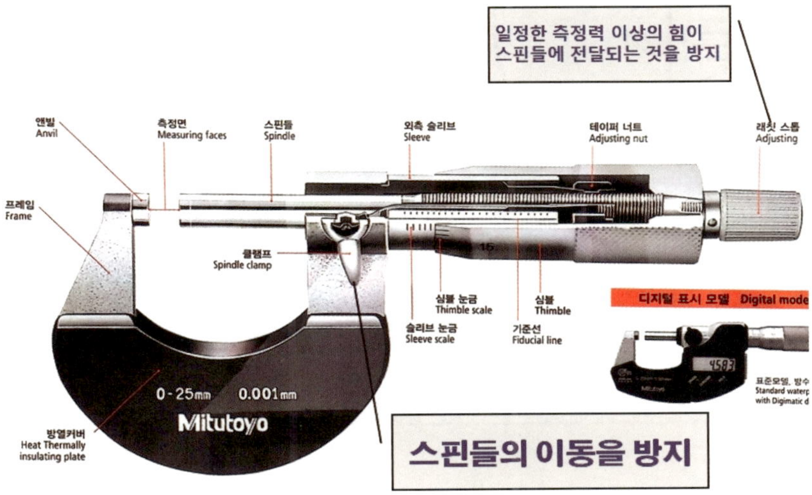

그림 2-1 마이크로미터 구조 및 명칭

2.2 눈금 읽는 법

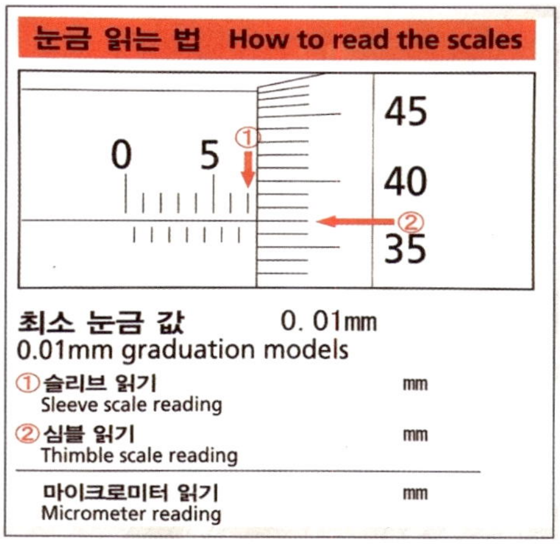

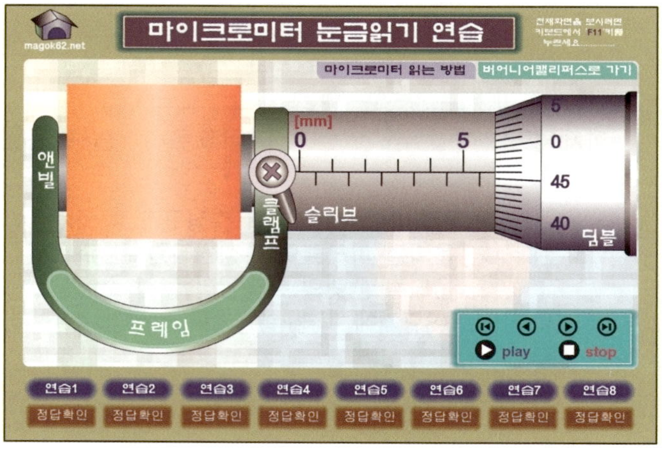

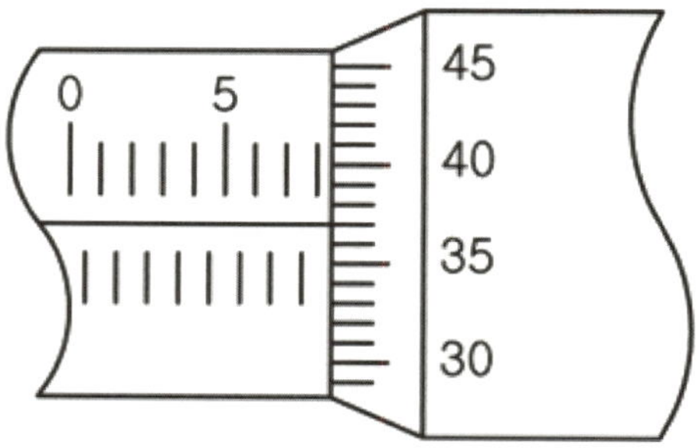

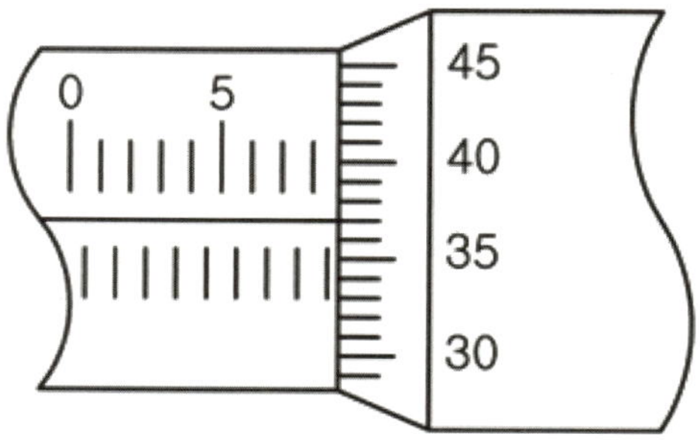

좌	슬리브	심블	읽음값	우	슬리브	심블	읽음값

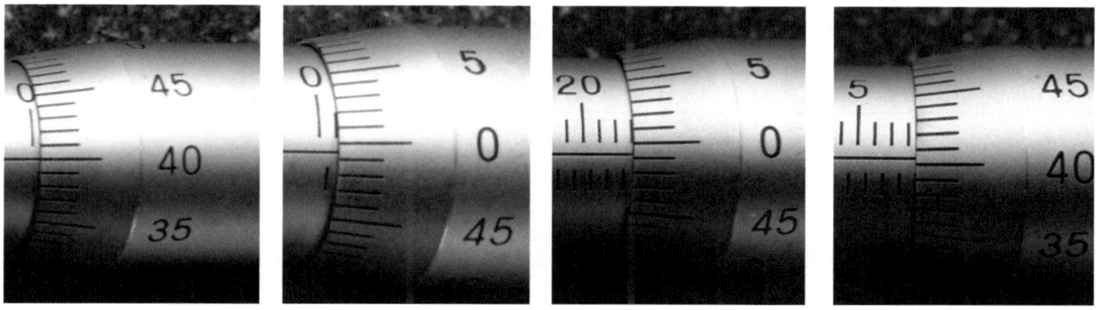

(a)	(b)	(c)	(d)
슬리브 눈금 : 0. mm	슬리브 눈금 :	슬리브 눈금 :	슬리브 눈금 :
딤블 눈금 : 0.40 mm	딤블 눈금 :	딤블 눈금 :	딤블 눈금 :
전체 합 : 0.400 mm	전체 합 :	전체 합 :	전체 합 :

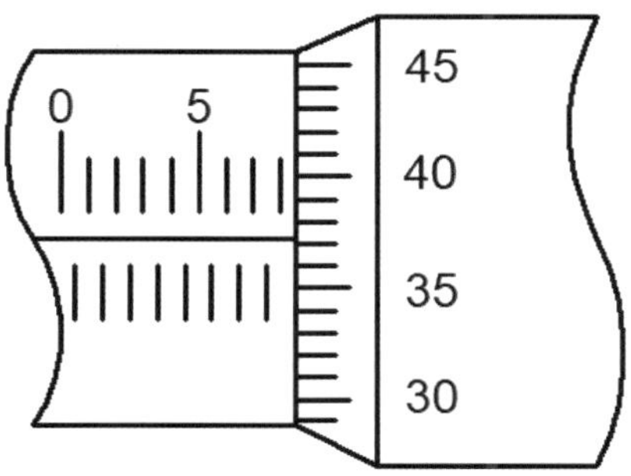

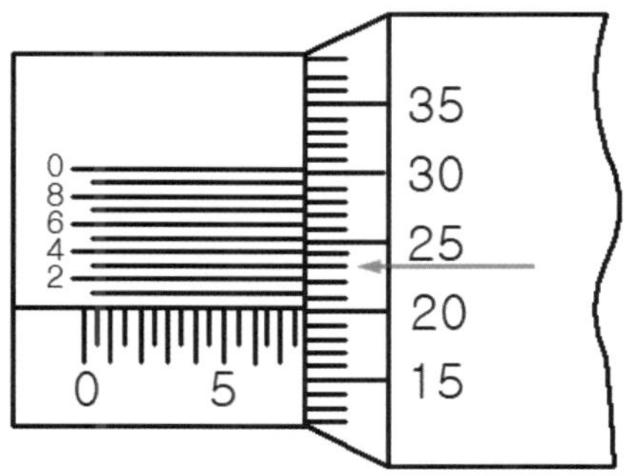

슬리이브의 읽음	
심블 읽음	
마이크로미터의 읽음	

슬리이브의 읽음	
심블 읽음	
버어니어와 심블 눈금의 읽음	
마이크로미터의 읽음	

고찰 1 위에 그림에 치수 값을 기록하고 눈금 읽는 원리를 설명하시오.

고찰 2 마이크로미터 측정방법 및 특징에 대해 설명하시오.

No.	측정방법	특징	비고
1	앤빌		
2	스핀들		
3	래치스톱		
4	클램프		
5	측정력(g)		
6	재질		

고찰 3 마이크로미터의 원리에 대한 특징에 대해 서술하시오.

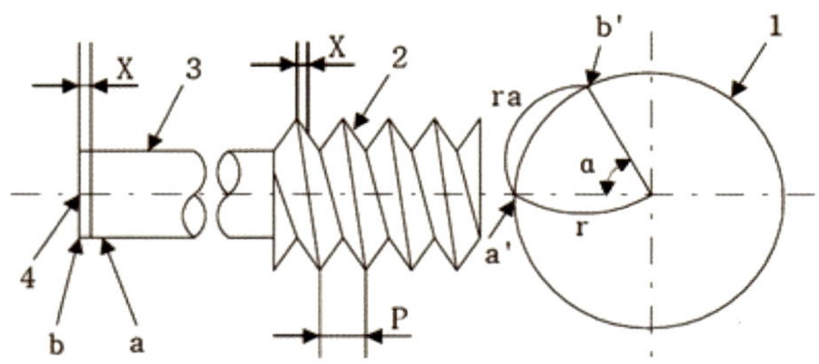

1. 눈금면 2. 나사 3. 스핀들 4. 측정면
X : 회전방향의 이동량(mm) P : 나사의 피치(mm)
α : 나사의 회전각 r : 눈금면의 반지름(mm)

그림 2-2 마이크로미터 나사의 원리

고찰 4 마이크로미터의 0점 조정 방법에 대해 기록하시오.

1. 딤블의 0점 눈금선과 슬리브의 기선의 차가 ±0.01 ㎜ 이내인 경우

1) 영점 확인을 한 상태에서 스핀들을 클램프로 동시에 고정시킨다.
2) 슬리브 기선의 뒤쪽 구멍에 키 스패너를 끼워 슬리브를 회전시켜 슬리브 기선을 0점 눈금에 맞춘다.

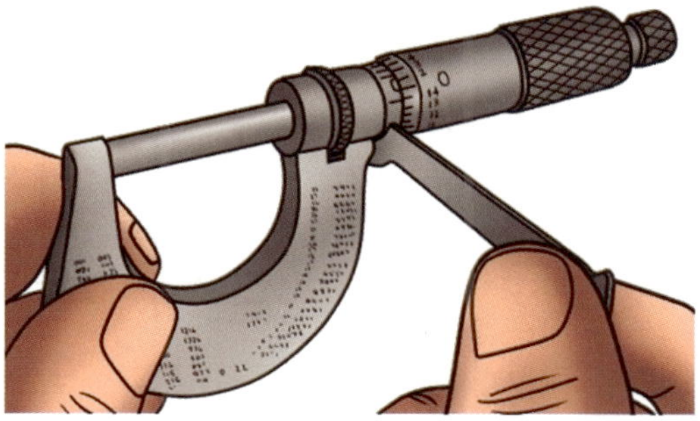

2. 딤블의 0점 눈금선과 슬리브의 기선의 차가 ±0.01 ㎜ 이상인 경우

1) 영점 확인을 한 상태에서 스핀들을 클램프로 고정한다.
2) 래칫 스톱을 키 스패너로 푼다.
3) 딤블을 래칫 스톱 방향으로 누르면서 움직여 딤블의 영점 눈금선을 슬리브의 기선에 맞춘다.
4) 래칫 스톱을 키 스패너로 조여서 딤블을 고정한다.
5) 영점을 다시 확인하여 그 차가 ±0.01 ㎜이내이면 앞에서 설명한 방법으로 영점 조정을 다시 실시한다.

2.3 측정실습(I)

과제명	마이크로미터를 이용한 길이측정	시간: 1 HR

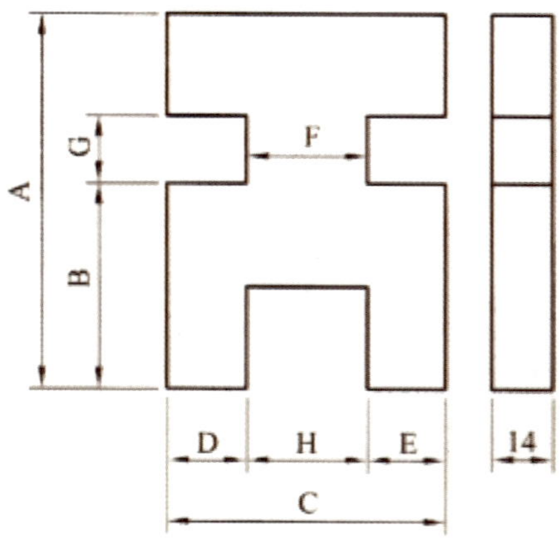

	항목	측정값					계산값			
		1회	2회	3회	4회	5회	평균	중위수	최빈값	표준편차
측정평가 (70점)	A									
	B									
	C									
	D									
	E									
	F									
	G									

평가	작업평가(30점)				시간평가			
	측정방법 및 사용법	만점	양호	보통	소요시간(2 HR)			
	사용수칙 준수	10	8	6	측정 평가	작업 평가	시간 평가	합계
	정리정돈	10	8	6				

* 마이크로미터를 사용하여 주어진 측정시편을 ±0.005 ㎜까지 측정하며 5회 반복 측정하여 평가표에 기입하고 다음 값들을 계산한다.

2.4 측정실습(II)

과제명	마이크로미터를 이용한 길이측정	시간: 1 HR

	항목	측정값					계산값			
측정평가(70점)		1회	2회	3회	4회	5회	평균	중위수	최빈값	표준편차
평가	작업평가(30점)						시간평가			
	측정방법 및 사용법			만점	양호	보통	소요시간(2 HR)			
	사용수칙 준수			10	8	6	측정평가	작업평가	시간평가	합계
	정리정돈			10	8	6				

* 마이크로미터를 사용하여 주어진 측정시편을 ±0.005 ㎜까지 측정하며 5회 반복 측정하여 평가표에 기입하고 다음 값들을 계산한다.

2.5 마이크로미터를 이용한 측정 데이터 처리 실습

1. 측정실 내 구슬 10개의 지름을 마이크로미터로 측정한 후 아래항목을 계산하시오.

1) 시료평균($\bar{x}$)

2) 시료 표준편차(s)

3) 메디안($\tilde{x}$)

4) 불편분산(V)

5) 미드레인지(M)을 구하시오.

단위: ㎜

순	측정결과									
	1	2	3	4	5	6	7	8	9	10
1								10.121	11.121	12.121

2. 계산식 기록

정답

순	항목	측정결과	확인
1	시료평균($\bar{x}$)		
2	시료 표준편차(s)		
3	메디안($\tilde{x}$)		
4	불편분산(V)		
5	미드레인지(M)		

3. 실전용 측정 데이터 용어 설명

1) 평균: 측정 데이터의 합을 횟수로 나눈 값.

2) 중위수(median): 데이터를 크기 순으로 배열 했을때 중앙 위치 값.

3) 최빈수(mode): 데이터 중에서 가장 많이 나타난 값.

4) 범위(range, R): 데이터 나열 시 최대치에서 최소치를 뺀 값.

5) 중앙치(midrange, M): 데이터의 (최대치+최소치)/2

6) 편차(deviation, D): 각각의 데이터-평균

7) 모 분산(σ^2): 편차의 제곱의 합을 횟수로 나눈값 $\sigma^2 = \dfrac{\Sigma(x_i - \overline{x})}{n}$

8) 모 표준편차(σ): 모 분산의 제곱근 $\sigma = \sqrt{\sigma^2} = \sqrt{\dfrac{\Sigma(x_i - \overline{x})}{n}}$

9) 표본분산(s^2): (편차)^{2}의 합을 자유도로 나눈값 $s^2 = \dfrac{\Sigma(x_i - \overline{x})}{n-1}$

10) 표본표준편차(s): 표본분산의 제곱근 $s = \sqrt{s^2} = \sqrt{\dfrac{\Sigma(x_i - \overline{x})}{n-1}}$

11) 불편분산, 표본분산: 편차제곱합을 측정횟수 −1로 나눈 값.

12) 불편분산제곱근, 표본표준편차: 편차제곱합을 측정횟수 −1로 나눈 값에 제곱을 씌운 값.

2.6 교정검사(calibration)

1. 측정면의 평면도 및 평행도 검사

그림 2-3 옵티칼 플렛을 이용한 측정면의 평면도(앤빌 & 스핀들)

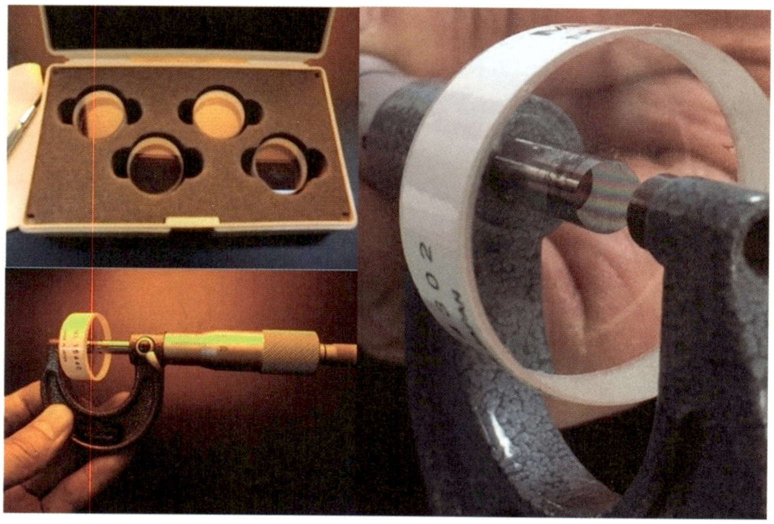

그림 2-4 마이크로미터의 평행도 측정

0~25 ㎜ 마이크로미터는 측정면 사이에 옵티컬 파라렐(평행광성 정반)를 끼우고 25 ㎜이상의 마이크로미터는 옵티컬 파라렐과 블록게이지를 밀착시키고, 백색광원에 의한 적색간섭 무늬의 수를 읽는다.

고찰 1 옵티컬 플랫(광선정반)의 원리를 설명하시오.

돌발! 퀴즈~

1 외측마이크로미터를 옵티컬 플랫을 이용하여 앤빌측 측정면을 검사한 결과 4개의 간섭무늬가 나타났다. 평면도는 얼마인가? (광선의 파장은 0.6 ㎛)

정답

2 외측마이크로미터를 옵티컬 파라렐을 이용하여 앤빌측에 2개, 스핀들측에 3개의 간섭무늬가 나타났다. 이 마이크로미터의 평행도는 얼마인가? (광선의 파장은 0.6 ㎛)

정답

2.7 기차측정

1. 0점 조정 및 기차측정

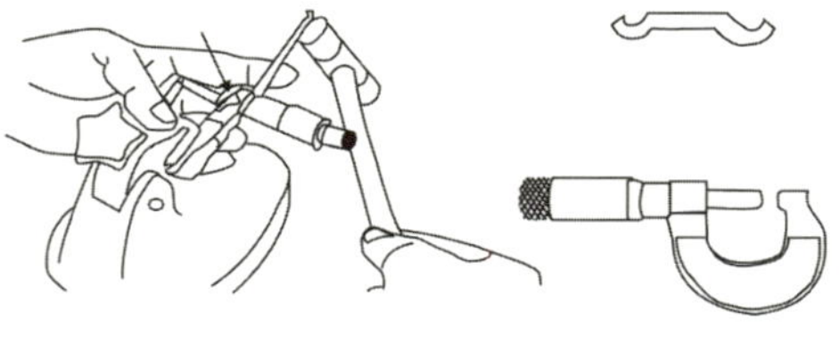

그림 2-5 마이크로미터의 0점 조정

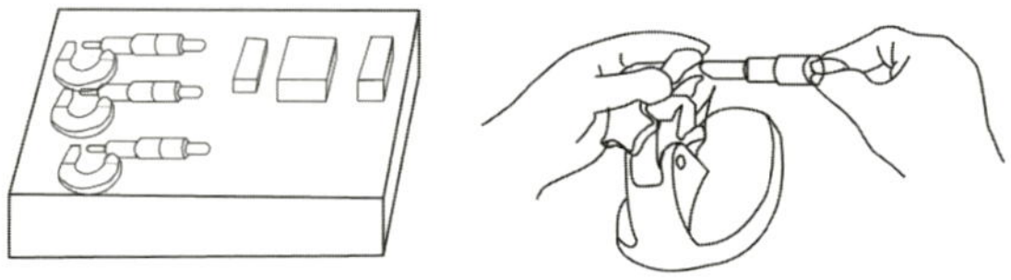

그림 2-6 마이크로미터의 기차 측정

2. 측정면의 평면도 및 평행도 검사

1) 마이크로미터 측정면의 평면도는 $n \times \frac{\lambda}{2}$ (n: 간섭 무늬, λ: 사용광선의 파장)

최대 측정길이(㎜)	측정면의 평면도(㎛)
250 미만	2
250 이상	4

2) 마이크로미터 측정면의 평행도는 $(n_1 + n_2) \times \frac{\lambda}{2}$ (n: 간섭 무늬, λ: 사용광선의 파장)로 계산한다.

최대 측정길이(㎜)	평행도(㎛)
75 이하	2
75~175 이하	3
175~275 이하	4
275~375 이하	5
375~475 이하	6

2.8 교정 데이터 정리

1. 평면도 측정 데이터 정리(요구정밀도: ±2㎛)

측정면	간섭 무늬수(개)	단색 관원 반파장(㎛)	평면도(㎛)
앤빌 면			
스핀들 면			

2. 평행도 측정 데이터 정리(요구정밀도: ±2㎛)

옵티컬 파라렐	간섭 무늬수(개)	단색 관원 반파장(㎛)	평행도(㎛)
1			
2			
3			
4			

3. 기차측정 데이터 정리(요구정밀도: ±0.004 ㎜)

기준값 (게이지블록)	측정값(㎜)	기차(㎛)	
1			
5			
10			
15			
20			

2.9 마이크로미터 사용 시 주의사항

2.10 결과 및 고찰

스케줄표

마무리 학습 점검표

순	점검내용	평가표					비고
		5	4	3	2	1	
1	마이크로미터의 구조 및 명칭을 정확하게 이해하고 있다						
2	측정기 눈금을 정확하게 읽고 기록할 수 있다						
3	마스터를 이용하여 측정기 교정 후 데이터를 계산할 수 있다						
4	볼 측정 후 통계처리를 할 수 있다						
5	30분 내 답안지를 제출할 수 있다						

3 하이트마이크로미터 측정

과제명	하이트마이크로미터를 이용한 높이측정 실습
목 표	1. 하이트마이크로미터 구조 및 작동 원리를 알 수 있다. 2. 하이트마이크로미터를 이용하여 게이지, 기계요소 부품의 높이를 ±2 μ m까지 측정 할 수 있다. 3. 비교측정의 원리를 파악하고 실무에 적용 할 수 있다.

사용측정기기	소요재료	안전 및 유의사항
1. 하이트마이크로미터 2. 정밀정반 2. 게이지블록 3. 하이트게이지 4. 테스트인디케이터 5. 버니어캘리퍼스	측정시편 길이부품 방청유 클리너 알코올	1. 정반면에 불순물 및 기름성분을 깨끗이 닦는다. 2. 하이트마이크로미터의 상하이동 조정핸들의 회전 속도를 일정하게 한다. 3. 눈금을 지나쳤을 때에는 반대방향으로 1/2회전 정도 돌린 다음에 다시 회전시킨다. 4. 측정 중에 테스트인디케이터가 움직이지 않도록 고정한다.

3.1 중요부 구조 및 명칭

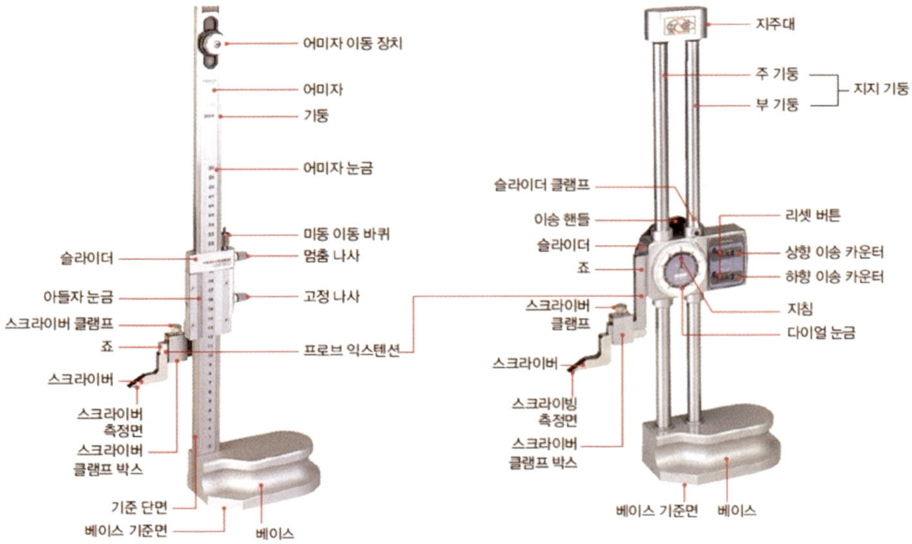

그림 3-1 하이트마이크로미터 구조 및 명칭

3.2 눈금 읽는 법

1. 버니어 방식

버니어 방식의 하이트마이크로미터 눈금 읽는 법은 그림 3-2와 같이 버니어캘리퍼스와 동일한 구조로 이루어져 있다. 아래 그림에서와 같이 먼저 아들자의 0점이 어미자(1번)이 어느 지점에 있는지를 먼저 읽은 후 아들자와 어미자가 만나는 점을 읽는다.

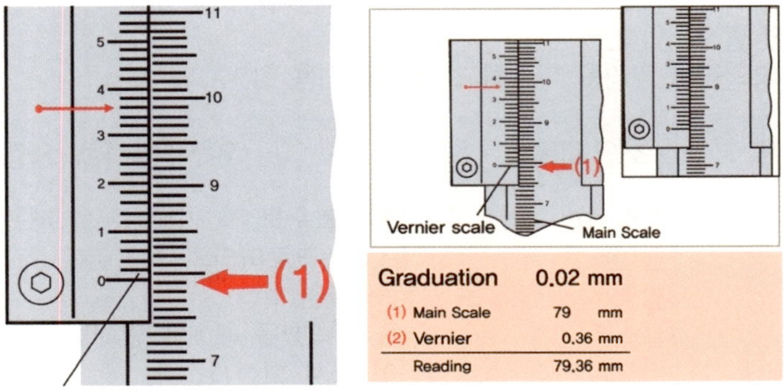

그림 3-2 하이트마이크로미터 눈금 읽는 법(버니어 방식)

2. 다이얼 방식

다이얼 방식의 하이트마이크로미터 눈금 읽는 법은 그림 3-3에 나타난 것 과 같이 상, 하 로 나타내어진다.

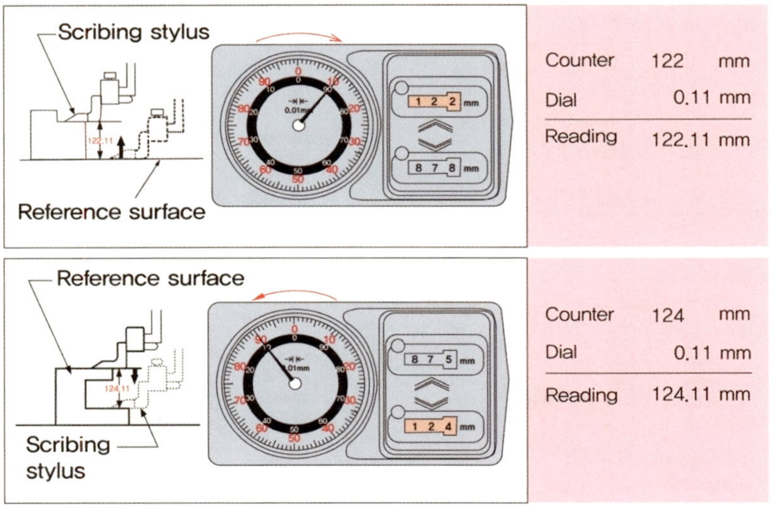

그림 3-3 하이트마이크로미터 눈금 읽는 법(다이얼 방식)

3.3 측정 전 준비사항

1) 정반 위에 하이트마이크로미터와 측정시편을 잘 닦아 올려놓는다.
2) 0점 조정용 게이지블록을 이용하여 하이트마이크로미터의 0점 조정을 한다.

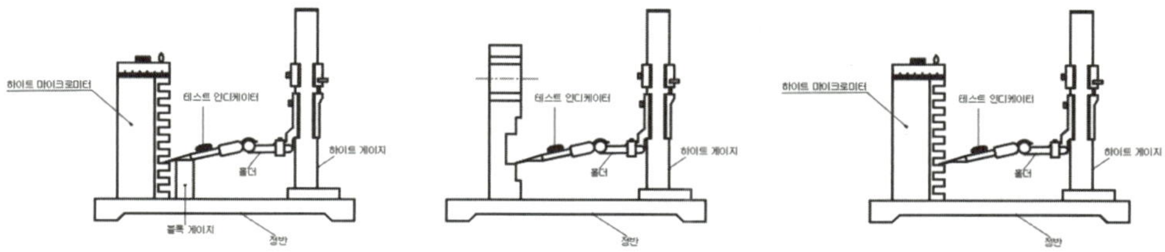

(a) 0점조정 (b) 피측정물의 측정 (c) 치수읽음

그림 3-4 하이트마이크로미터를 높이측정 순서

3.4 인디케이터를 이용한 측정방법(아나로그 방식)

1) 아래 그림 3-5와 같이 11 ㎜ 게이지블록을 이용하여 0점 세팅한다.
   → (10 ㎜ 블록게이지를 사용하지 않는 이유는 정반면에 충돌을 방지하기 위함)
2) 측정시편의 높이를 측정한다.
3) 하이트마이크로미터에 시편과 동일한 높이를 측정한다.
4) 하이트마이크로미터의 눈금을 읽는다.

(1) 0점 세팅

(3) 비교측정

(2) 시편 측정

(4) 눈금 읽기

그림 3-5 0점 조정(아나로그 방식)

3.5 테스트 인디케이터를 이용한 측정방법(디지털 방식)

순	항목	측정결과	확인
1	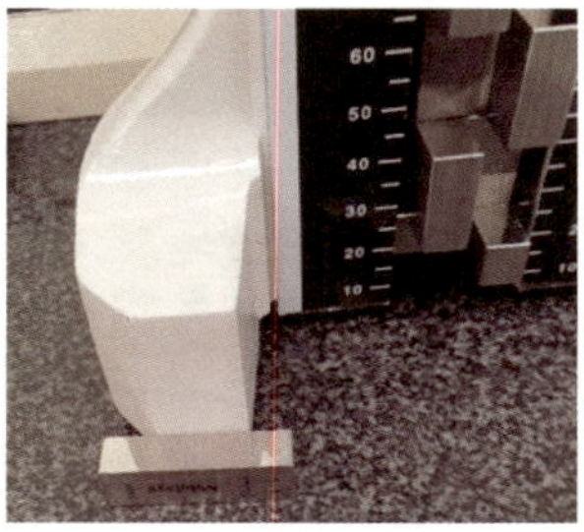	11 ㎜ 게이지 블록을 이용하여 그림과 같이 하이트마스터 지지부에 접촉시켜 놓는다. → 하이트마이크로미터 0점 조정 시 게이지 블록이 뒤로 밀리거나 움직이는 것을 방지하기 위함이다.	
2		하이트마이크로미터를 상하로 이동시키면서 인디케이터의 지침이 게이지 블록에 접촉시킨 후 화살표와 같이 0점 조정을 맞춘다.	
3	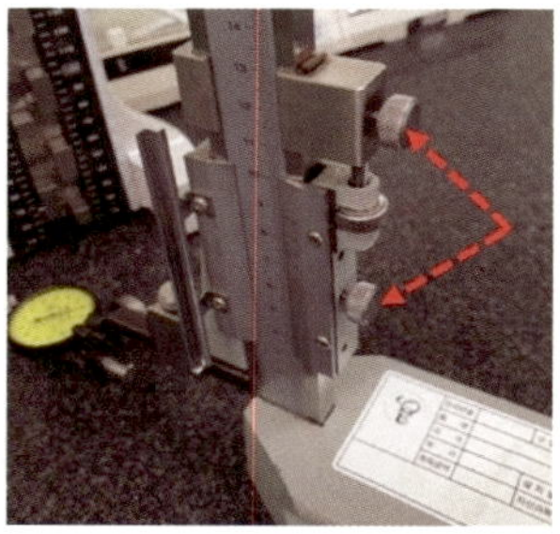	화살표로 표시된 하이트마이크로미터 상하조절 나사를 이용하여 움직이지 않도록 고정한다. → 고정방법은 위에 나사를 고정 후 아래 나사부를 천천히 오른쪽으로 돌려 고정시킨다.	
4		하이트마스터 상부의 핸들을 왼쪽으로 천천히 돌려 그림과 같이 10 ㎜ 블록 부에 데스트 인디케이터가 접촉될 때까지 내려준다. 그 후 인디케이터의 눈금이 0점이 될 때까지 오른쪽으로 천천히 다시 돌려준다.	
5	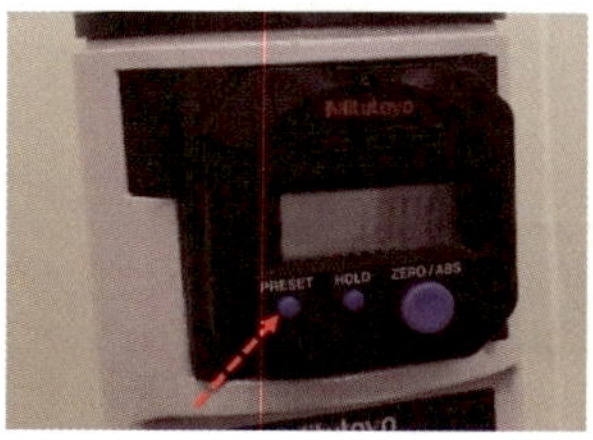	테스트 인디게이터의 0점을 확인 후 하이트마스터의 프리셋 버튼을 두 번 눌러 1.000 이 되도록 조정한다.	

고찰 1 디지털 방식의 하이트마스터를 이용하여 0점 셋팅 시 느낀점에 대해 서술하시오.

고찰 2 아나로그 방식의 하이트마스터를 이용하여 0점 셋팅에 대해 서술하시오.

3.6 측정실습(I)

과제명	하이트마이크로미터를 이용한 높이측정(I)	시간: 2 HR

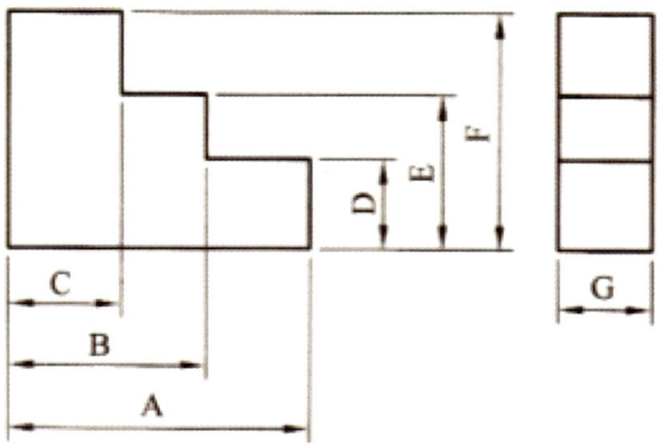

측정평가(70점)	항목	측정값					계산값			
		1회	2회	3회	4회	5회	평균	중위수	최빈값	표준편차
	A									
	B									
	C									
	D									
	E									
	F									
	G									

평가	작업평가(30점)				시간평가			
	측정방법 및 사용법	만점	양호	보통	소요시간(2 HR)			
	사용수칙 준수	10	8	6	측정 평가	작업 평가	시간 평가	합계
	정리정돈	10	8	6				

* 하이트마이크로미터를 사용하여 주어진 측정시편을 ±0.02 ㎜까지 측정하며 5회 반복 측정하여 평가표에 기입하고 다음 값들을 계산한다.

3.7 측정실습(II)

과제명	하이트마이크로미터를 이용한 높이측정(II)	시간: 2 HR

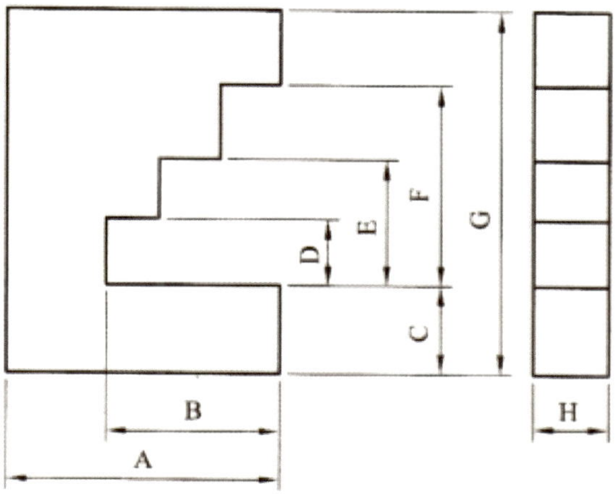

	항목	측정값					계산값			
		1회	2회	3회	4회	5회	평균	중위수	최빈값	표준편차
측정평가(70점)	A									
	B									
	C									
	D									
	E									
	F									
	G									

	작업평가(30점)				시간평가			
	측정방법 및 사용법	만점	양호	보통	소요시간(2 HR)			
평가	사용수칙 준수	10	8	6	측정평가	작업평가	시간평가	합계
	정리정돈	10	8	6				

* 하이트마이크로미터를 사용하여 주어진 측정시편을 ±0.02 ㎜까지 측정하며 5회 반복 측정하여 평가표에 기입하고 다음 값들을 계산한다.

3.8 측정실습(Ⅲ)

과제명	하이트마이크로미터를 이용한 높이측정(Ⅲ)	시간: 2 HR

	항목	측정값					계산값			
		1회	2회	3회	4회	5회	평균	중위수	최빈값	표준편차
측정평가(70점)										

	작업평가(30점)				시간평가			
	측정방법 및 사용법	만점	양호	보통	소요시간(2 HR)			
평가	사용수칙 준수	10	8	6	측정평가	작업평가	시간평가	합계
	정리정돈	10	8	6				

* 하이트마이크로미터를 사용하여 주어진 측정시편을 ±0.02 ㎜까지 측정하며 5회 반복 측정하여 평가표에 기입하고 다음 값들을 계산한다.

3.9 사용상 주의사항

3.10 결과 및 고찰

스케줄표

마무리 학습 점검표

순	점검내용	평가표					비고
		5	4	3	2	1	
1	하이트마이크로미터의 구조 및 명칭을 정확하게 이해하고 있다						
2	측정기 눈금을 정확하게 읽고 기록할 수 있다						
3	블록게이지를 이용하여 마스터를 정학하게 세팅할 수 있다						
4	30분 내 답안지를 제출할 수 있다						

4 하이트마이크로미터를 이용한 위치편차 측정

과제명	위치편차 측정실습	
목 표	1. 부품 검사를 위한 기능게이지의 검사 원리를 이해 할 수 있다. 2. 도면에 표기된 최대실체조건(MMC)를 적용 할 수 있다. 3. 좌표 측정값을 위치도로 환산 할 수 있다. 4. 대칭도를 측정하여 환산 할 수 있다.	
사용측정기기	**소요재료**	**안전 및 유의사항**
1. 하이트마이크로미터 2. 테스트인디케이터 3. 하이트게이지 4. 정밀정반 5. 브이블록 6. 투영기	방청유 클리너 알코올 세무가죽 측정부품	1. 정반면에 불순물 및 기름성분을 깨끗이 닦는다. 2. 하이트마이크로미터는 310 ㎜ 이상 올려서는 안된다. 3. 좌표값 측정 데이터를 이용하여 위치도를 환산하도록 한다. 4. 테스트인디케이터의 측정 방향은 항 상 일정하게 하여야 한다.

4.1 위치도 측정순서

1. 준비한다

1) 정반, 하이트마스터, 하이트마이크로미터 등의 기름, 먼지 등을 깨끗이 닦는다.

2) 정반위에 하이트마스터와 하이트마이크로미터를 올려 놓는다.

3) 피 측정물을 그림과 같이 하이트마스터 바로 옆에 놓는다.

2. 하이트마스터 0점을 조정한다

1) 하이트마스터 옆에 11 ㎜ 블록 게이지를 깨끗이 닦아서 설치한다.

2) 그림과 같이 블록 게이지 11 ㎜와 하이트마스터의 높이를 같도록 조정한다.
그때 하이트마스터의 읽음값이 11.000 ㎜를 지시하도록 조정한다.

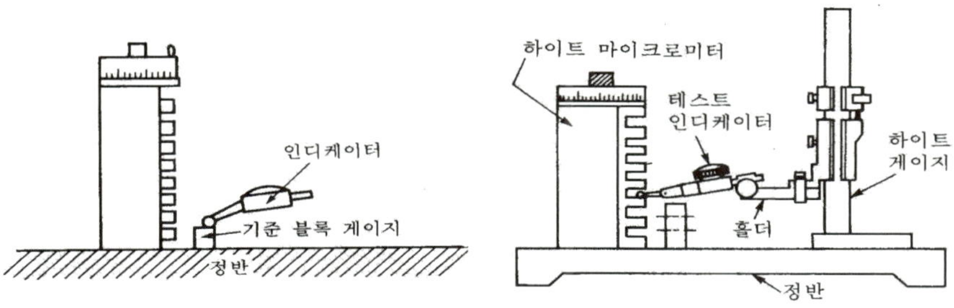

그림 4-1 측정준비 및 0점 조정

3. 측정한다

1) 데이텀 C면을 정반면에 접촉시킨다.
2) 구멍 ①, ②점의 높이 및 홈폭의 ⑤, ⑥점의 높이를 측정한다.
3) 데이텀 B면을 정반면에 접촉시키고 그림과 같이 구멍 ③, ④점을 측정한다.

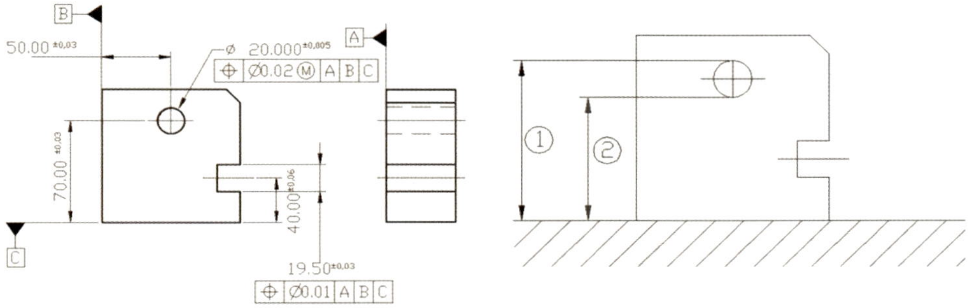

(a) 원의 y좌표 측정

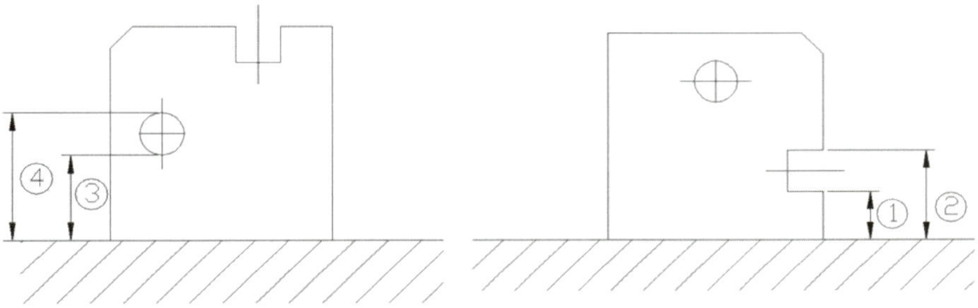

(b) 원의 x좌표 측정 (c) 홈의 높이 측정

그림 4-2 측정요소 측정방법

4. 측정값을 정리한다

1) X_1, Y_1 및 H의 좌표값을 계산한다.

X_1=(③+④)/2

Y_1=(①+②)/2

H =(⑤+⑥/2

2) 구멍의 지름 및 홈 폭을 계산한다.

구멍 지름 d=②-①

홈폭= ⑥-⑤

3) 위치도를 계산한다.

위치도는 우선 설계치의 중심에서 벗어난 편차를 가지고 계산한다. 그림에서 구멍 #1의 X_1 =70.004, Y_1=19.503, ∅ #1=20.005의 측정값을 얻었다고 가정하면

위치도 = $2\times\sqrt{(70.004-70.000)^2+(19.503-19.500)^2}$ = 0.010 이다.

4) 최대 실체 조건을 적용한다.

최대실체조건(MMC) 상태일 때 위치도는 0.02이고, 구멍의 직경이 커짐에 따라 위치 공차도는 증가한다. 즉 #1구멍의 허용 위치도는 0.02+0.010(#1구멍의 직경이 ∅20.005일 때)위치도 허용값은 0.03임을 알 수 있다.

5) 허용 공차와 측정값을 비교하여 판정한다.

허용 위치도 : 0.030

위치도의 측정값 : 0.010 이므로 합격임을 알 수 있다.

6) #2, #3 구멍도 3) ~ 5)항과 같은 방법으로 계산한다.

7) 측정 결과를 평가표에 기록한다.

5. 정리 정돈한다

1) 측정기 및 피측정물을 깨끗이 닦아서 방청처리한다.
2) 하이트마스터, 하이트마이크로미터 등을 정반위에서 내려놓고 덮개를 덮는다.
3) 주위를 정돈한다.

4.2 제품측정 실습

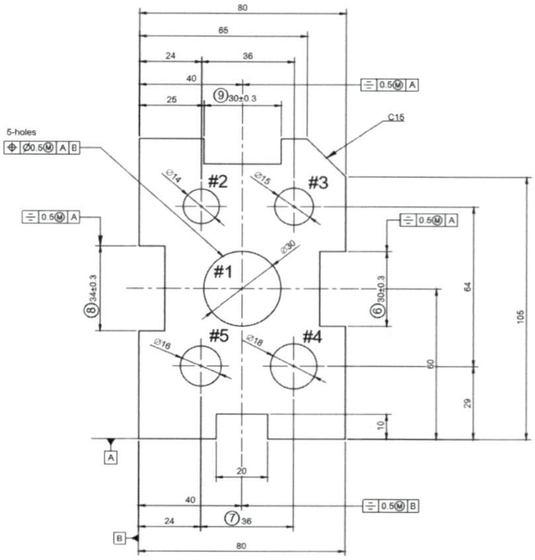

그림 4-3 높이마이크로미터를 이용한 응용측정

4.3 위치도 계산

NO.	항목	좌표값		위치도 계산	허용값	합부 판정	정도
		X	Y				
1	구멍						

NO.	항목	좌표값		위치도 계산	허용값	합부 판정	정도
		X	Y				
2	구멍						

NO.	항목	좌표값		위치도 계산	허용값	합부 판정	정도
		X	Y				
3	구멍						

NO.	항목	좌표값		위치도 계산	허용값	합부 판정	정도
		X	Y				
4	구멍						

NO.	항목	좌표값		위치도 계산	허용값	합부 판정	정도
		X	Y				
5	구멍						

* 측정 시 주의사항: 도면에 기록된 MMC적용 후 계산하여 합, 부 판정

4.4 대칭도 계산

1. 대칭도 측정 시 데이텀 A, B의 MMC 적용하여 판정

NO.	항목	좌표값	대칭도 계산	허용값	합부 판정	정도
6	홈					
7						
8						
9						

고찰 2 본 측정에 적용된 위치도 정의에 대해 서술하시오.

4.5 결과 및 고찰

스케줄표

마무리 학습 점검표

순	점검내용	평가표					비고
		5	4	3	2	1	
1	하이트마이크로미터의 구조 및 명칭을 정확하게 이해하고 있다						
2	측정기 눈금을 정확하게 읽고 기록할 수 있다						
3	블록게이지를 이용하여 마스터를 정학하게 세팅할 수 있다						
4	30분 내 답안지를 제출할 수 있다						

5 다이얼게이지 & 실린더게이지를 이용한 내경 측정

과제명	다이얼게이지 & 실린더게이지를 이용한 제품의 내경측정	
목 표	1. 다이얼게이지 및 실린더게이지의 구조 및 작동 원리를 알 수 있다. 2. 실린더게이지를 조합하여 0점 조정을 명확하게 할 수 있다. 3. KS규격에 따라 다이얼게이지 및 실린더게이지를 교정할 수 있다.	
사용측정기기	소요재료	안전 및 유의사항
1. 다이얼게이지 2. 실린더게이지 3. 링게이지(3종) 4. 다이얼게이지 교정기 5. 정밀정반	측정시편 길이 부품 방청유 클리너 알코올	1. 정반면에 불순물 및 기름성분을 깨끗이 닦는다. 2. 내측 교정 시 실린더게이지를 좌우로 약간씩 기울이면서 다이얼게이지의 최대값을 측정값으로 한다. 3. 교정검사 시 5회 실시 후 평균값을 기록한다.

5.1 중요부 구조 및 명칭

내경측정을 가장 정밀하게 측정을 할 수 있는 것으로 측정자의 변위를 다이얼게이지에 전달하는 전달기구가 있으며, 또 측정자가 중심위치에 정위치 되도록 안내판이 있어서 조작이 쉽게 되어있다.

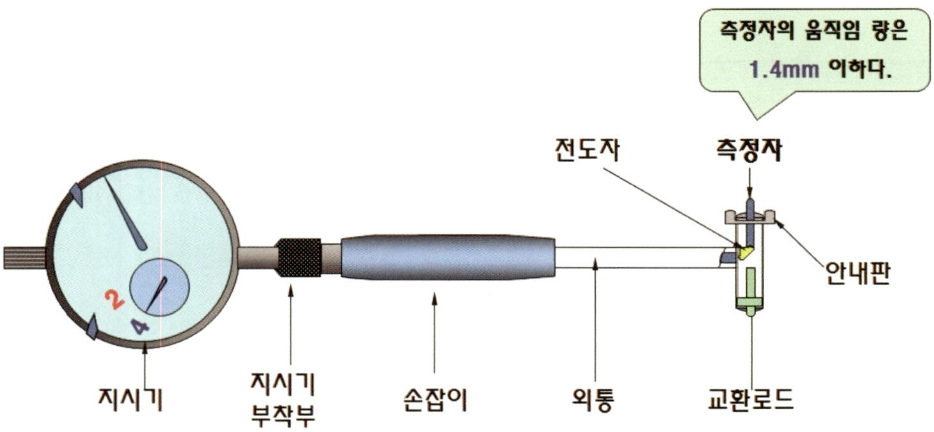

그림 5-1 실린더게이지 구조

5.2 눈금 읽는 법

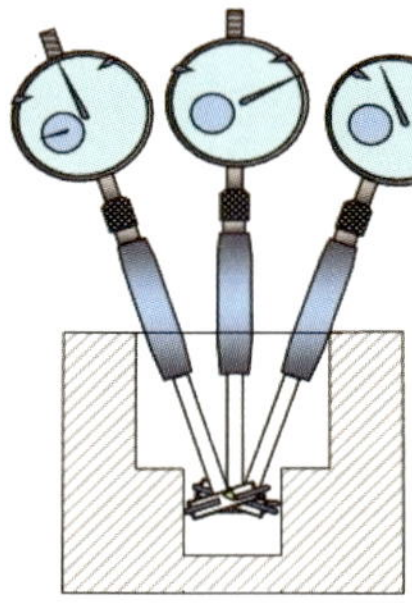

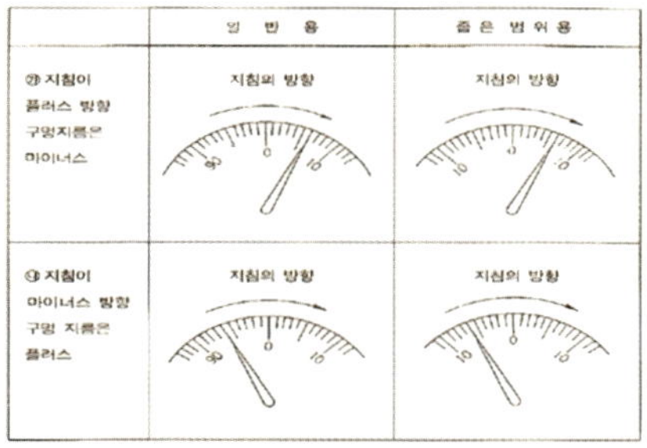

(a) (b) (c)

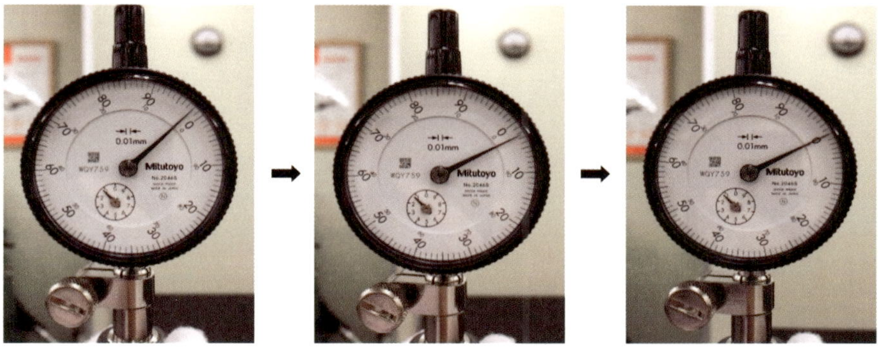

단위: ㎜

측정시편	셋팅값	게이지	측정값
a	35.05		
b			
c			

Tip 상기 표의 정답에 대한 원리

다이얼게이지의 최소 눈금이 아날로그 0.01 ㎜의 경우, 측정 시편에 넣었을 때 다이얼 게이지의 눈금이 0의 위치라면 시편의 치수는 35.05 ㎜,

① (a) 측정시편의 측정값은 다이얼게이지의 눈금이 0에서 2눈금이 못 미쳤으므로 35.05+0.020=35.070 ㎜
② (b) 측정시편의 측정값은 다이얼게이지의 눈금이 0에서 2눈금이 지나쳤기 때문에 35.05−0.020=35.030 ㎜
③ (c) 측정시편의 측정값은 다이얼게이지의 눈금이 0에 일치하므로 35.050 ㎜

5.3 사용방법

5.4 마이크로미터 및 링게이지 등을 이용하여 0점을 조정

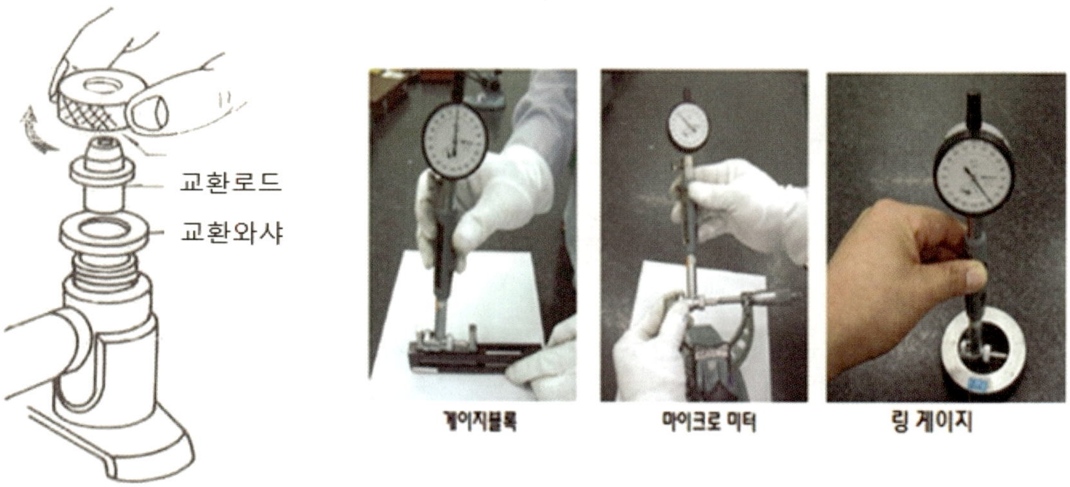

그림 5-2 마이크로미터 및 링게이지를 이용한 0점 조정

5.5 실린더게이지를 이용한 내경측정 순서

- 실린더게이지 세트를 이용하여 내경 20 ㎜를 측정하기 위한 0점 조정 방법 순서를 그림 등을 첨부하면서 서술하시오.

5.6 실린더게이지를 이용한 제품 내경 실습

- 실린더게이지를 사용하여 ∅20 링 게이지의 안지름을 측정하여 측정값을 적는다.
  (준비물: 실린더게이지를 게이지블록 부속품(로드 및 와셔 등)을 이용하여 20 ㎜가 되도록 조립 후 ∅20 ㎜ 링게이지의 내경을 측정하여 표 내부에 기록 후 산포 및 평균값을 비교한다)

순	제품	링 게이지 치수	측정결과					평균
			#1	#2	#3	#4	#5	
1	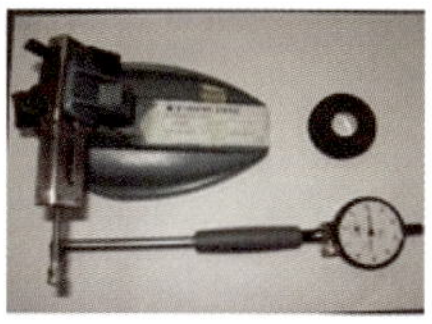	Ø20						

그림 5-3 내경측정 실습

1) 평균값:

2) 산포(최대값−최소값):

3) 표준편차(s):

5.7 실린더게이지 교정

- 실린더게이지는 마스터를 이용하여 그림 5−4와 같이 최소 1회/년 교정검사를 실시하여 측정기의 이상 유무를 확인한다.

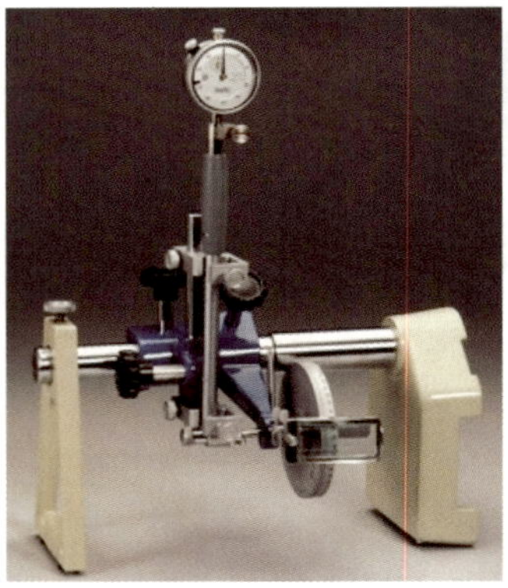

측정범위	넓은범위 정밀도		인접오차		반복정밀도		측정력(N)
	A급	B급	A급	B급	A급	B급	
18-35	5	10	2	4	2	3	4 이하
35-60							
50-100							5 이하
100-160							
160-250							6 이하
250-400							

그림 5−4 실린더게이지 교정방법

1) 다이얼게이지 교정(calibration)의 용어를 이해하고 교정순서를 서술하시오.

다이얼게이지 교정검사방법은 KS B 5206에 정의되어 있다. 일반적으로 현업에서는 아래 그림 5-5와 같이 마스터를 이용하여 1회/년 교정검사를 실시하고 있다. 그러나 다이얼게이지 사용 중 이상유무가 의심될 때는 다이얼게이지 교정기를 이용하여 수시로 교정검사를 실시하여 측정기의 상태를 확인해야 된다.

순	항목	측정결과
1	지시오차	다이얼게이지 스핀들을 수직으로 설치하고 다이얼게이지의 눈금을 기준으로 해서 다음과 같이 실시한다. 기점에서 2회전까지는 1/10 회전씩, 5회전까지는 1/2 회전씩, 5회전 이상은 1회전씩 스핀들을 측정범위의 지점까지 밀어올리고, 그 상태에서 스핀들을 반대방향으로 되돌리면서 동일 측정점을 측정해서 구한 양방향(전진과 후퇴)의 오차 선도에서 구한다.
2	인접오차	
3	되돌림오차	
4	반복정밀도	측정대 윗면에 측정치를 수직으로 접촉시키고, 측정범위 내의 임의의 위치에서 스핀들을 5회 급격하게 또는 천천히 작동시켰을 때 각 회의 지시의 최대치를 구한다.
5	측정력	스핀들을 수직으로 설치하고 스핀들을 위, 아래 각 방향으로 연속적으로 천천히 이동시켜 측정범위의 기점, 중앙 및 종점에서 측정력을 측정한다.

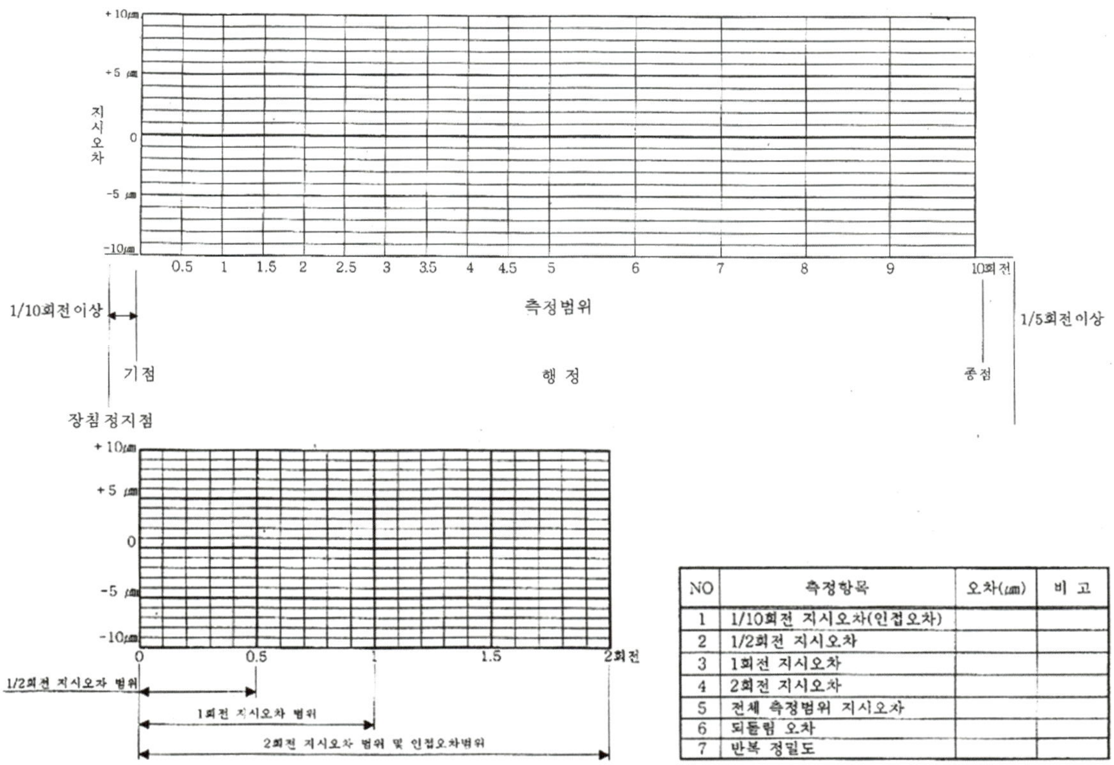

NO	측정항목	오차(㎛)	비 고
1	1/10회전 지시오차(인접오차)		
2	1/2회전 지시오차		
3	1회전 지시오차		
4	2회전 지시오차		
5	전체 측정범위 지시오차		
6	되돌림 오차		
7	반복 정밀도		

그림 5-5 다이얼 게이지 지시 오차선도(0.01㎜, KS B 5206:2001)

순	측정항목	계산방법
1	1/10회전 지시오차(인접오차)	
2	1/2회전 지시오차	
3	1회전 지시오차	
4	2회전 지시오차	
5	전체 측정범위 지시오차	
6	되돌림 오차	
7	반복정밀도	

5.8 결과 및 고찰

스케줄표

마무리 학습 점검표

순	점검내용	평가표					비고
		5	4	3	2	1	
1	다이얼게이지 구조 및 눈금을 정확하게 이해하고 읽을 수 있다						
2	링게이지 및 마스터를 이용해 실린더게이지의 영점조정을 할 수 있다						
3	다이얼게이지의 교정 시 항목을 정학하게 이해하고 계산할 수 있다						
4	30분 내 답안지를 제출할 수 있다						

6 투영기를 이용한 제품 형상 및 위치측정

과제명	투영기를 이용한 제품의 형상 및 위치측정
목 표	1. 투영기 구조 및 작동 원리를 알 수 있다. 2. 투영기 작동법을 명확하게 이해할 수 있다. 3. 투영기를 이용하여 도면 내 형상 및 좌표를 정확하게 측정할 수 있다.

사용측정기기	소요재료	안전 및 유의사항
1. 투영기 2. 블록게이지 (20, 50, 100) 3. 측정시편	측정시편 방청유 클리너 알코올	1. 투영기 화면에 기름성분을 깨끗이 닦는다. 2. 블록게이지를 이용하여 측정기의 오차를 확인 후 측정을 실시한다. 3. 제품측정은 5회실시 후 평균값을 기록한다.

6.1 중요부 구조 및 명칭

그림 6-1 투영기 중요기능부 구조(모델명: PJ-A-3000/Mitutoyo)

1) 스크린: 광원에 투영된 피측정물의 이미지가 스크린에 나타난다.
2) 투영렌즈: 반사된 빛이 투영렌즈에 의해 스크린에 투영된다.
3) 반사조명장치: 피측정물의 표면을 조명하여 표면에 반사되도록 하는 장치이다.
4) 투과조명장치: 평행광선으로 조명하여 그림자가 투영렌즈에 의해 스크린에 투영되도록 하는 장치이다.
5) X · Y축 이송핸들: X · Y방향으로 피측정물을 이송시키는 역할을 한다.
6) 초점조정핸들: 스크린에 투영된 이미지의 초점을 맞추는 역할을 한다.

6.2 측정원리 이해

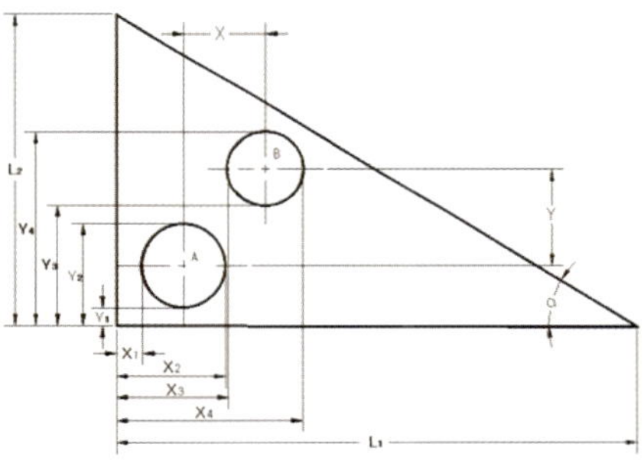

Ⓐ x축 좌표측정

$$X = \frac{X_1 + X_2}{2}$$

ⓑ y축 좌표측정

$$Y = \frac{Y_1 + Y_2}{2}$$

ⓒ 두 원의 중심 거리 측정

$$X = \frac{X_1 + X_2}{2} - \frac{X_3 + X_4}{2}$$

ⓓ 각도측정

$$\tan\alpha = \frac{\text{높이}}{\text{밑변}} = \frac{L_2}{L_1}$$

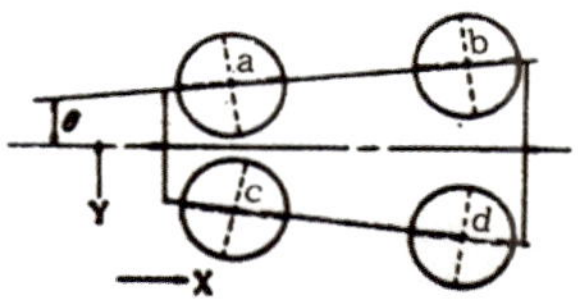

ⓔ 테이퍼 측정

그림 a, b,c,d 4개소를 측정하여 다음식으로 계산한다

$$\tan\theta = \frac{\left[\frac{Y_a - Y_b}{X_a - X_b} + \frac{Y_c - Y_d}{X_c - X_d}\right]}{2}$$

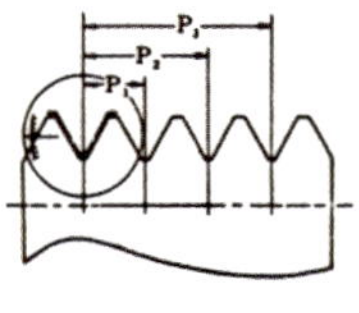

$$P = \frac{X_2 - X_1}{n}$$

ⓕ 나사의 피치 측정

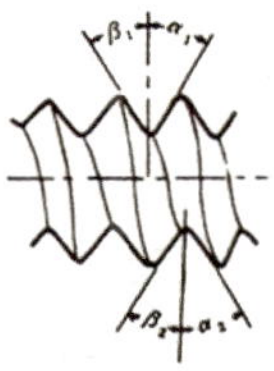

$$\alpha = \frac{\alpha_1 + \alpha_2}{2} \quad \text{(우반각)}$$

$$\beta = \frac{\beta_1 + \beta_2}{2} \quad \text{(좌반각)}$$

ⓖ 나사의 각도 측정

6.3 투영기 측정방법

- 투영기 측정방법으로는 스크린이용법, 차트이용법, 재물대에 의한 측정 등이 있다. 아래 측정방법에 대한 원리 및 장 · 단점을 서술하시오.

1. 스크린측정법

2. 차트이용법

3. 재물대에 의한 측정

6.4 나사 측정

- 투영기를 이용하여 나사의 외경, 골 지름. 나사산의 리드 각, 유효지름 및 피치를 측정할 수 있다.

1. 피 측정물 설치 및 고정

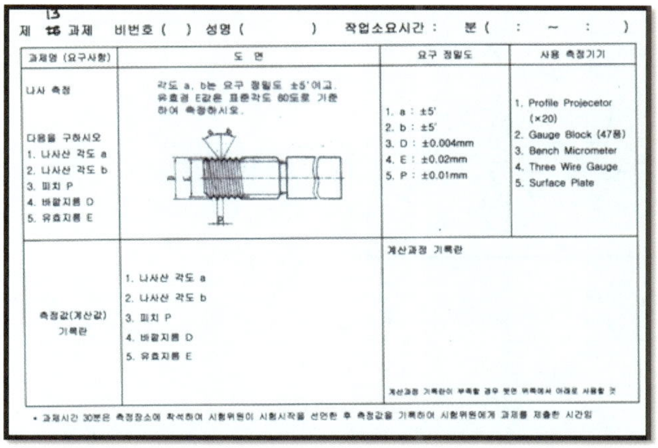

제 13 과제 비번호 ( ) 성명 ( ) 작업소요시간 : 분 (: ~ :)

과제명 (요구사항)	도 면	요구 정밀도	사용 측정기기
나사 측정 다음을 구하시오 1. 나사산 각도 a 2. 나사산 각도 b 3. 피치 P 4. 바깥지름 D 5. 유효지름 E	각도 a, b는 요구 정밀도 ±5'이고, 유효경 E값은 표준각도 60도로 기준하여 측정하시오.	1. a : ±5' 2. b : ±5' 3. D : ±0.004mm 4. E : ±0.02mm 5. P : ±0.01mm	1. Profile Projecetor (×20) 2. Gauge Block (47종) 3. Bench Micrometer 4. Three Wire Gauge 5. Surface Plate
측정값(계산값) 기록란	1. 나사산 각도 a 2. 나사산 각도 b 3. 피치 P 4. 바깥지름 D 5. 유효지름 E	계산과정 기록란 계산과정 기록란이 부족할 경우 뒷면 위쪽에서 아래로 사용할 것	

• 과제시간 30분은 측정장소에 착석하여 시험위원이 시험시작을 선언한 후 측정값을 기록하여 시험위원에게 과제를 제출한 시간임

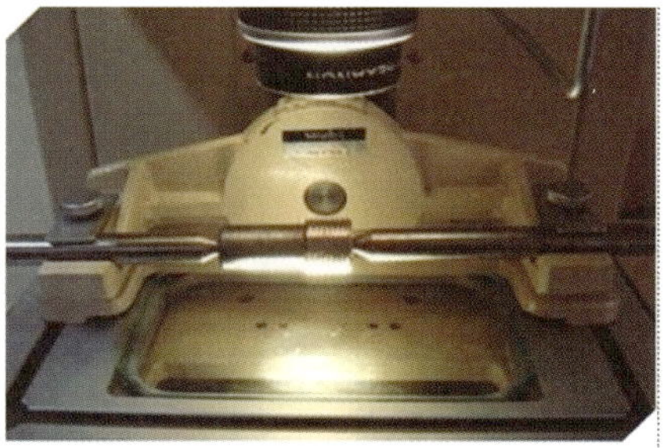

3양센터 지지대에 나사 설치

2. 측정방법

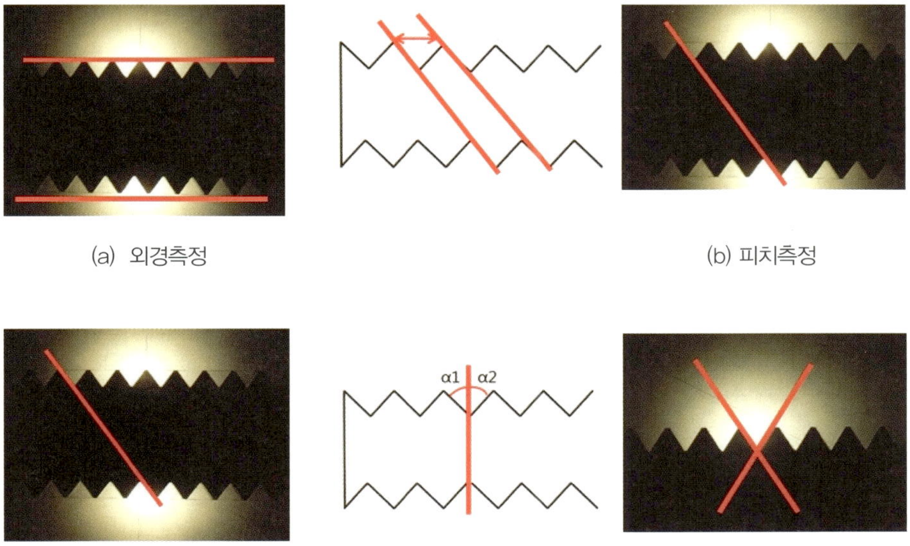

(a) 외경측정

(b) 피치측정

(c) 리드각 측정

(d) 각도 측정

그림 6-2 투영기를 이용한 나사측정

6.5 측정실습(Ⅰ)

과제명	투영기를 이용한 형상 및 좌표측정	시간: 1 HR

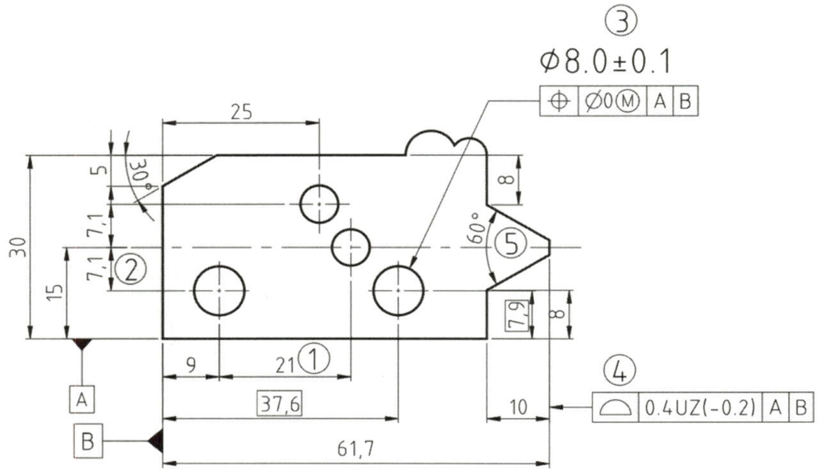

측정평가 (70점)	항목	측정값					계산값			
		1회	2회	3회	4회	5회	평균	중위수	최빈값	표준편차
	1									
	2									
	3(x)									
	3(y)									
	위치도									
	4									

평가	작업평가(30점)				시간평가			
	측정방법 및 사용법	만점	양호	보통	소요시간(1 HR)			
	사용수칙 준수	10	8	6	측정평가	작업평가	시간평가	합계
	정리정돈	10	8	6				

* 투영기를 사용하여 주어진 측정시편을 ±0.02 ㎜까지 측정하며 5회 반복 측정하여 평가표에 기입하고 다음 값들을 계산한다.

6.6 측정실습(II)

<table>
<tr><th colspan="2">과제명</th><th colspan="6">투영기를 이용한 형상 및 좌표측정</th><th colspan="3">시간: 1 HR</th></tr>
<tr><td colspan="11"></td></tr>
<tr><td rowspan="9">측정평가
(70점)</td><td rowspan="2">항목</td><td colspan="5">측정값</td><td colspan="4">계산값</td></tr>
<tr><td>1회</td><td>2회</td><td>3회</td><td>4회</td><td>5회</td><td>평균</td><td>중위수</td><td>최빈값</td><td>표준
편차</td></tr>
<tr><td></td><td></td><td></td><td></td><td></td><td></td><td></td><td></td><td></td><td></td></tr>
<tr><td></td><td></td><td></td><td></td><td></td><td></td><td></td><td></td><td></td><td></td></tr>
<tr><td></td><td></td><td></td><td></td><td></td><td></td><td></td><td></td><td></td><td></td></tr>
<tr><td></td><td></td><td></td><td></td><td></td><td></td><td></td><td></td><td></td><td></td></tr>
<tr><td></td><td></td><td></td><td></td><td></td><td></td><td></td><td></td><td></td><td></td></tr>
<tr><td></td><td></td><td></td><td></td><td></td><td></td><td></td><td></td><td></td><td></td></tr>
<tr><td></td><td></td><td></td><td></td><td></td><td></td><td></td><td></td><td></td><td></td></tr>
<tr><td rowspan="4">평가</td><td colspan="6">작업평가(30점)</td><td colspan="4">시간평가</td></tr>
<tr><td colspan="3">측정방법 및 사용법</td><td>만점</td><td>양호</td><td>보통</td><td colspan="4">소요시간(1 HR)</td></tr>
<tr><td colspan="3">사용수칙 준수</td><td>10</td><td>8</td><td>6</td><td>측정
평가</td><td>작업
평가</td><td>시간
평가</td><td>합계</td></tr>
<tr><td colspan="3">정리정돈</td><td>10</td><td>8</td><td>6</td><td></td><td></td><td></td><td></td></tr>
</table>

* 투영기를 사용하여 주어진 측정시편을 ±0.02 ㎜까지 측정하며 5회 반복 측정하여 평가표에 기입하고 다음 값들을 계산한다.

- 제품측정 후 윤곽도 정의 및 UZ판정에 대해 서술하시오.

6.7 결과 및 고찰

스케줄표

마무리 학습 점검표

순	점검내용	평가표					비고
		5	4	3	2	1	
1	투영기 상면에 시편을 정확하게 고정할 수 있다						
2	사용 전에 0점 조정을 정확하게 실시할 수 있다						
3	투영기를 이용하여 내경, 각도 등 측정요소를 정확하게 측정할 수 있다						
4	윤곽도 측정 후 기하공차를 정확하게계산 할 수 있다						
5	30분 내 답안지를 제출할 수 있다						

7 롤러이용 외경테이퍼 측정

과제명	롤러를 이용하여 제품의 외경테이퍼 측정실습
목 표	1. 테이퍼량의 정의 및 사용법을 알 수 있다. 2. 테이퍼 각도를 측정할 수 있다. 3. 삼각함수를 이용하여 테이퍼를 계산할 수 있다.

사용측정기기	소요재료	안전 및 유의사항
1. 측정용 롤러 2. 외측마아크로미터 3. 게이지블록 4. 정밀정반	방청유 클리너 알코올 세무가죽측정 시편	1. 바깥치수 측정 시 롤러가 뜨지 않도록 롤러와 테이퍼게이지의 중심점이 일치하도록 한다. 2. 측정 시 최대값을 측정값으로 한다. 3. 오차를 줄이기 위하여 동일한 방향으로 측정한다. 4. 시료가 쓰러지지 않도록 안정된 자세로 측정한다.

7.1 기초이론

원추 테이퍼의 측정에는 여러 방법이 있으나 여기에서는 롤러와 게이지블록 그리고 마이크로미터를 이용하여 측정한다. 그림 7-1과 같이 원추형 테이퍼 플러그 게이지를 정반위에 설치하고 직경이 같은 2개의 롤러를 테이퍼 모선에 하나씩 접촉시키고 외측 마이크로미터를 사용하여 M_1을 측정한다. 동일한 높이의 블록게이지를 테이퍼 양쪽에 놓고 그 위에 롤러를 올려놓은 다음 M_2값을 측정한다.

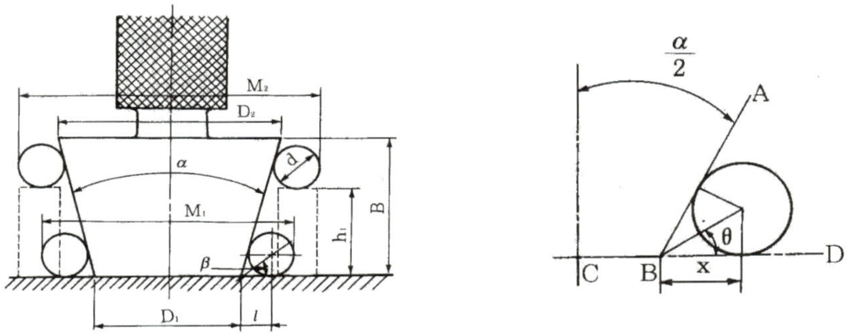

그림 7-1 롤러에 의한 테이퍼 측정

7.2 측정순서

1. 준비한다

1) 롤러, 블록 게이지 및 정반을 깨끗이 닦아서 먼지, 기름 등을 완전히 제거한다.
2) 마이크로미터의 앤빌과 스핀들을 세무가죽으로 깨끗이 닦고 0점 조정을 한다.
3) 정반에 측정할 피측정물을 올려놓고 테이퍼 중심선에 롤러의 중앙 부위가 접촉하도록 설치한다. (그림 7-1 참조)

2. 측정한다

1) 안정된 자세로 M_1을 측정한다(그림 7-2 참조). M값을 측정할 때에는 원추의 중심의 롤러의 중심이 일치하도록 하고 동시에 측정 단면이 수직이 되도록 해야 한다. 롤러가 상하, 좌우로 흔들리면 측정값이 변화하게 되어 정확한 측정을 할 수가 없으므로 최대값을 얻도록 해야 한다.
2) 동일한 높이의 블록 게이지를 측정물의 양면에 설치하고, 그 위에 롤러를 올려놓은 다음 M_2값을 측정한다.
3) 측정 시 측정압이 크면 롤러가 들뜨게 되므로 최사한의 측정 압을 가해야 한다.

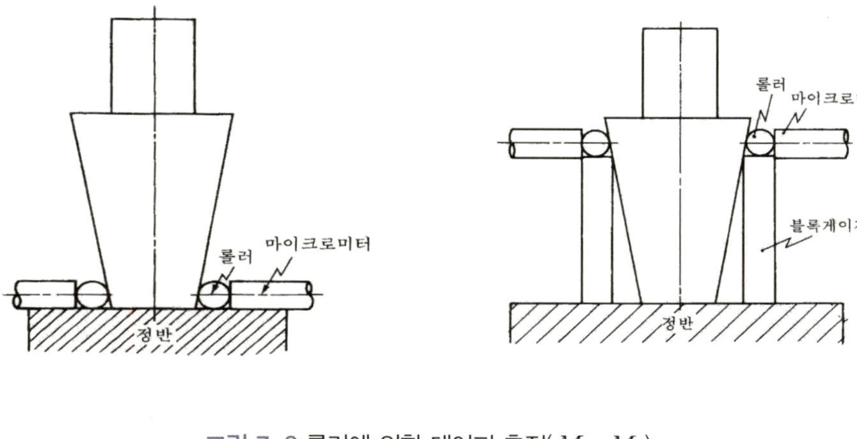

그림 7-2 롤러에 의한 테이퍼 측정(M_1, M_2)

3. 측정값을 정리한다

1) 위와 같은 방법으로 구한 M_1, M_2값과 H 및 B를 이용하여 테이퍼각, 테이퍼량을 구한다.

예를 들어서 M_1=30.067 ㎜, M_2=36.650 ㎜, H=50 ㎜라고 하면,

$$\text{테이퍼각}(\alpha) = 2\tan^{-1}\frac{M_2 - M_1}{2H} = 2\tan^{-1}\frac{36.650 - 30.067}{2 \times 50} = 7^\circ 31'58''$$

$$\text{테이퍼량}\left(\frac{1}{X}\right) = \frac{M_2 - M_1}{H} = \frac{36.650 - 30.067}{50} = 0.13166$$

$$\therefore \frac{1}{X} = \frac{1}{7.595}$$

2) 소단직경 D_1을 계산한다. 위의 예에서 d=5.000 ㎜라고 하면,

$$D_1 = M_1 - d\left(1 + \cot\left(\frac{90^\circ - \frac{\alpha}{2}}{2}\right)\right)$$

$$= 30.067 - 5.000\left(1 + \cot\left(\frac{90^\circ - \frac{7^\circ 31'58''}{2}}{2}\right)\right) = 12.142\ mm$$

4. 정리 정돈한다.

1) 피측정물을 깨끗이 닦아서 방청처리 한다.

2) 마이크로미터, 롤러, 정반 등의 측정기를 깨끗이 딱은 후 방청처리 하고 각각의 상자에 넣는다.

(a) 테이퍼각의 하단부치수측정 (b) 블록게이지를 정반에 올려놓는다. (c) 테이퍼각의 상단부치수측정

그림 7-3 롤러를 이용한 테이퍼 측정순서

7.3 측정실습

과제명	롤러를 이용한 테이퍼 측정	시간: 1 HR

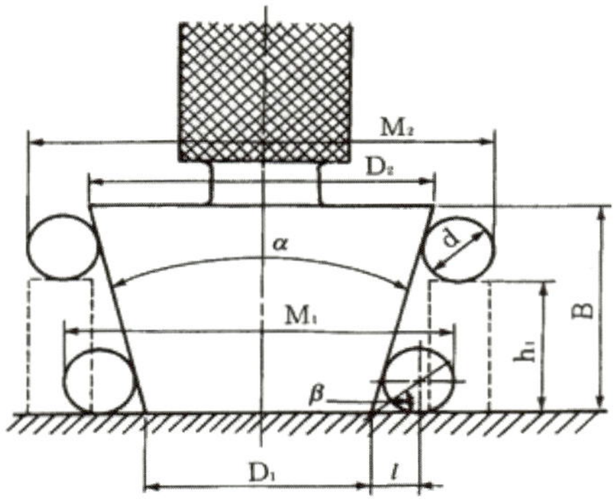

	항목	측정값					계산값			
		1회	2회	3회	4회	5회	평균	중위수	최빈값	표준편차
측정평가 (70점)	M_1									
	M_2									
	H									
	α									
	$1/x$									
	s									

	작업평가(30점)				시간평가			
	측정방법 및 사용법	만점	양호	보통	소요시간(1 HR)			
평가	사용수칙 준수	10	8	6	측정평가	작업평가	시간평가	합계
	정리정돈	10	8	6				

* 측정에 사용되는 롤러의 원통도와 진원도는 0.5 ㎛ 이내를 선택한다. 게이지블록 H는 가능한 길게 한다.

【연습】

1. 삼각함수를 이용한 테이퍼측정에서 정반 상에서 지름 d인 한쌍의 롤러, 게이지블록 및 마이크로미터를 이용하여 M_1, M_2를 측정하였다. 테이퍼 각도 A 및 소단지름 S1을 구하시오.(d=6.000 ㎜, M_1=30.000 ㎜, M_2=55.000 ㎜, H=100.000 ㎜)

7.4 결과 및 고찰

스케줄표

마무리 학습 점검표

순	점검내용	평가표					비고
		5	4	3	2	1	
1	마이크로미터를 이용하여 핀의 외경을 정확하게 측정할 수 있다						
2	마이크로미터를 이용하여 M_1, M_2값을 정확하게 측정할 수 있다						
3	측정데이터를 이용하여 각각의 측정항목을 정확하게 계산할 수 있다						
4	삼각함수에 대해 정확하게 이해 할 수 있다						
5	30분 내 답안지를 제출할 수 있다						

8 볼을 이용한 내경테이퍼 측정

과제명	볼을 이용하여 제품의 내경테이퍼 측정실습	
목 표	1. 테이퍼량의 정의 및 사용법을 알 수 있다. 2. 테이퍼 각도를 측정 할 수 있다. 3. 삼각함수를 이용하여 테이퍼를 계산 할 수 있다.	
사용측정기기	**소요재료**	**안전 및 유의사항**
1. 측정용 볼 2. 깊이마아크로미터 3. 외측마이크로미터 4. 게이지 블록 5. 정밀정반	방청유 클리너 알코올 세무가죽 측정시편	1. H_1, H_2 측정 시는 최소값을 데이터로 채택한다. 2. 측정에 사용된 볼은 진원도가 양호한 것을 사용해야한다. 3. 깊이마이크로미터는 볼의 최대점에 접촉하도록 한다.

8.1 기초이론

지름이 다른 롤러(소단경: d, 대단경: D)를 테이퍼의 내경에 삽입 후 깊이마이크로미터(depth micrometer)를 이용하여 테이퍼의 내경 각도를 측정할 수 있다.

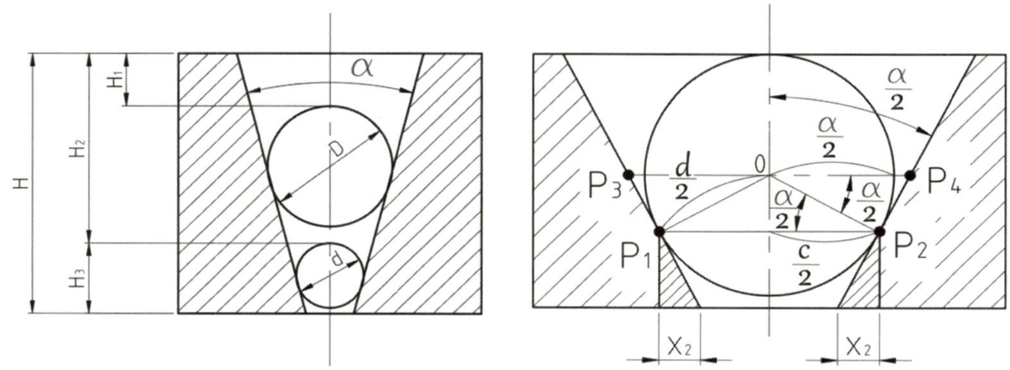

그림 8-1 볼을 이용한 내측 테이퍼 측정원리

8.2 측정순서

1) 그림 8-2와 같이 마이크로미터를 이용하여 지름이 다른 d와 D의 값을 측정한다.
2) 롤러 d를 내경에 삽입 후 깊이 마이크로미터를 이용하여 깊이를 측정한다.
3) 롤러 D를 내경에 삽입 후 깊이 마이크로미터를 이용하여 깊이를 측정한다.

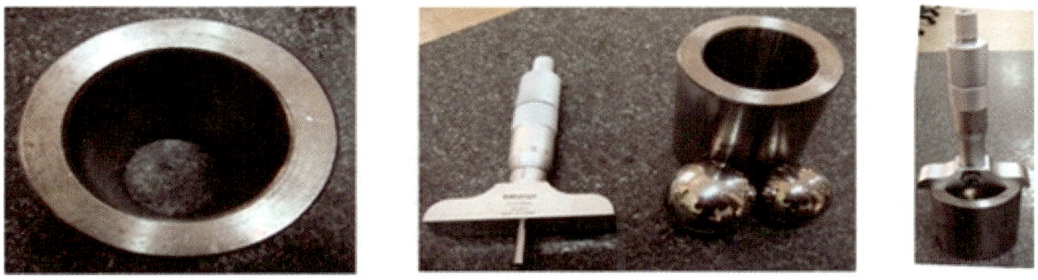

(a) 내측 테이퍼 (b) 볼과 깊이마이크로미터 (c)측정

그림 8-2 볼을 이용한 내측 테이퍼 측정

8.3 측정데이터 계산식

$$\alpha = 2\sin^{-1} = \frac{(Dd)}{2(H_2 - H_1) - (D - d)}$$

【연습】

1. **볼을 이용하여 내측 테이퍼를 측정하였더니 d=10.000 ㎜, D=25.000 ㎜, H_1= 4.050 ㎜, H_2=50.740 ㎜, H=150.000 ㎜이었다. 이 테이퍼의 각 α와 상부 대지름 S_2를 구하시오. (단 소단지름은 18.500 ㎜)**

$$\alpha = 2\sin^{-1} = \frac{(25.000 - 10.000)}{2(50.740 - 4.050) - (25.000 - 10.000)}$$

$$= 22^\circ 3'58$$

$$S_2 = S_1 + 2H \bullet \tan\frac{\alpha}{2}$$

$$= 76.994\ mm$$

8.4 측정실습

과제명	볼을 이용한 내경측정	시간: 1 HR

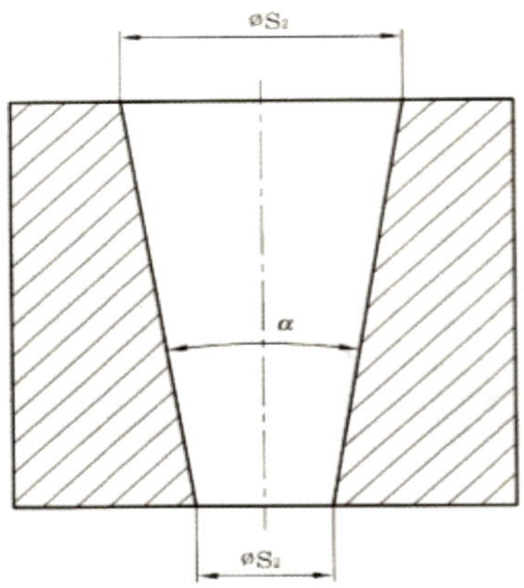

측정평가(70점)	항목	측정값					계산값			
		1회	2회	3회	4회	5회	평균	중위수	최빈값	표준편차
	α									
	S_1									
	S_2									

평가	작업평가(30점)				시간평가			
	측정방법 및 사용법	만점	양호	보통	소요시간(1 HR)			
	사용수칙 준수	10	8	6	측정평가	작업평가	시간평가	합계
	정리정돈	10	8	6				

* 깊이마이크로미터를 사용하여 주어진 측정시편을 ±0.02 ㎜, α 는 ±2'까지 측정하며 5회 반복 측정하여 평가표에 기입하고 다음 값들을 계산한다.

8.5 측정결과 풀이과정

8.6 결과 및 고찰

스케줄표

마무리 학습 점검표

순	점검내용	평가표					비고
		5	4	3	2	1	
1	깊이 마이크로미터의 영점조정을 정확하게 할 수 있다						
2	마이크로미터를 이용하여 H_1, H_2값을 정확하게 측정할 수 있다						
3	측정데이터를 이용하여 각각의 측정항목을 정확하게 계산할 수 있다						
4	삼각함수 계산식을 정확하게 이해 할 수 있다						
5	30분 내 답안지를 제출할 수 있다						

9 사인바를 이용한 경사도 측정

과제명	사인바를 이용하여 제품의 경사도측정	
목 표	1. 사인바를 이용하여 주어진 각도를 분 단위까지 정확하게 측정한다. 2. 측정시편의 경사각 측정을 할 수 있다. 3. 삼각함수를 이용하여 경사각을 계산할 수 있다.	
사용측정기기	**소요재료**	**안전 및 유의사항**
1. 사인바 2. 인디케이터 3. 게이지 블록 4. V블록 5. 정밀정반	방청유 클리너 알코올 세무가죽 측정시편	1. 측정기에 충격을 주지 않도록 한다. 2. 측정에 사용된 인디케이터는 0.002 ㎜ 정도를 사용한다. 3. 측정 전 정반 및 게이지블록의 표면을 깨끗하게 닦은 후 사용한다.

9.1 기초이론

1. 사인바를 이용한 경사각 측정

KS규격에서 롤러 중심거리 L의 호칭치수는 100 ㎜, 200 ㎜의 2종류의 것을 규정하고 있으며 허용값은 1급에서는 각각 ±1.5 ㎛ 및 ±3.0 ㎛이다. 종합정확도는 호칭값(L) 100 ㎜, 200 ㎜의 것에서는 각각 50 ㎜, 100 ㎜의 게이지블록을 한쪽 롤러에 끼워 넣었을 때 30°의 각도에 대해서 1급은 40 μrad (약 8초) 이내이다.

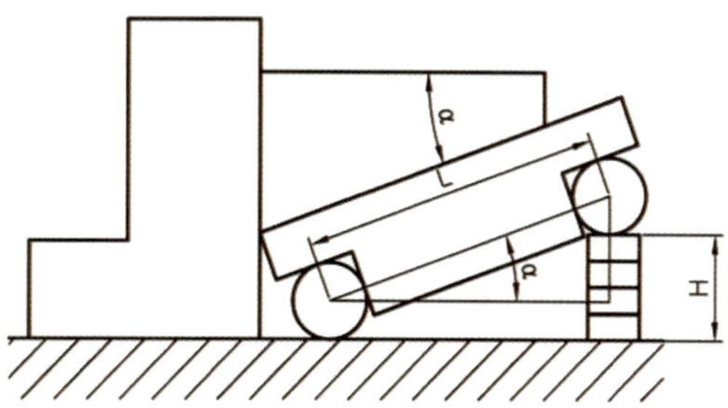

그림 9-1 사인바를 이용한 각도측정

9.2 측정원리

1. 사인바의 측정 원리

사인바는 그림 9-1과 같이 높이를 변화시킴에 따라 임의의 각도를 설정할 수 있다. 각도의 설정은 중심간 거리가 L인 사인바의 한쪽 롤러 밑에 게이지블록을 정반면과 피측정물의 윗면이 평행할 때까지 고인다. 그리고 경사각 α는 다음과 같이 계산된다. 삼각함수를 이용한 각도 측정용 기구로, 크기는 롤러 중심간의 거리로 나타내며, 100 ㎜, 200 ㎜가 주로 사용된다.

$$\sin\alpha = \frac{H-h}{L} \text{이므로} \quad \alpha = \sin^{-1}\frac{H-h}{L} \text{가 된다.}$$

2. 사인바의 각도 계산

$\sin\alpha = \frac{H}{L}$에서 L은 사인바의 호칭치수이고, H는 게이지블록의 높이이므로 H/L의 값을 대입하여 경사각 α를 구한다.

【예제】 사인바의 호칭길이가 200 ㎜, 게이지블록의 높이가 23.505 ㎜라며 경사각은?

풀이

【예제】 롤러의 중심 거리가 150 ㎜인 사인바(sine bar)로 18° 30′의 각도를 만들려고 한다. 낮은 쪽의 블록 게이지의 높이를 10.000 ㎜로 하면 높은 쪽은 몇 ㎜인가?

풀이

9.3 측정실습

과제명	사인바를 이용한 경사각측정	시간: 1 HR

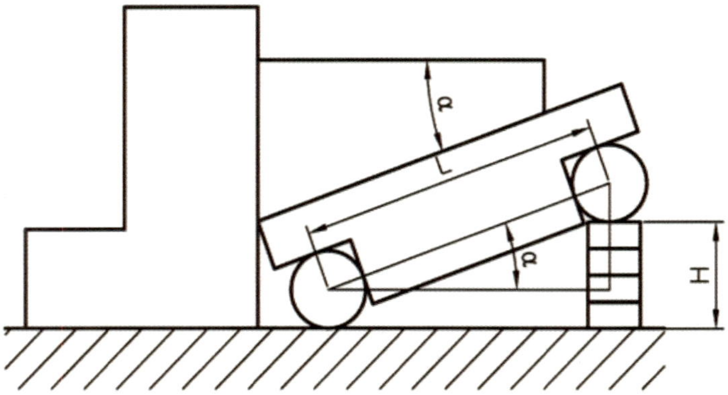

	항목	측정값					계산값			
		1회	2회	3회	4회	5회	평균	중위수	최빈값	표준편차
측정평가(70점)	α									
	L									
	H									

평가	작업평가(30점)				시간평가			
	측정방법 및 사용법	만점	양호	보통	소요시간(1 HR)			
	사용수칙 준수	10	8	6	측정 평가	작업 평가	시간 평가	합계
	정리정돈	10	8	6				

* α는 ±2'까지 측정하며 5회 반복 측정하여 평가표에 기입하고 다음 값들을 계산한다.

9.4 사용상 주의사항

9.5 결과 및 고찰

스케줄표

마무리 학습 점검표

순	점검내용	평가표					비고
		5	4	3	2	1	
1	하이트마이크로미터를 이용하여 시편의 좌우 편차를 정확하게 조정할 수 있다						
2	좌우 편차값을 이용하여 블록게이지 높이를 설정할 수 있다						
3	측정데이터를 이용하여 각각의 측정항목을 정확하게 계산할 수 있다						
4	삼각함수 계산식을 정확하게 이해할 수 있다						
5	30분 내 답안지를 제출할 수 있다						

10 사인센터를 이용한 경사도 측정

과제명	사인센터를 이용하여 제품의 경사도측정
목 표	1. 사인센터를 이용하여 주어진 각도를 분 단위까지 정확하게 측정한다. 2. 측정시편의 경사각 측정을 할 수 있다. 3. 삼각함수를 이용하여 경사각을 계산할 수 있다.

사용측정기기	소요재료	안전 및 유의사항
1. 사인센터 2. 인디케이터 3. 게이지블록 4. V블록 5. 정밀정반	방청유 클리너 알코올 세무가죽 측정시편	1. 측정기에 충격을 주지 않도록 한다. 2. 인디케이터는 0.002 ㎜ 정도를 사용한다. 3. 측정 전 정반 및 게이지블록의 표면을 깨끗하게 닦은 후 사용한다.

10.1 기초이론

1. 사인센터를 이용한 경사각 측정

사인센터는 측정은 그림 10-1과 같이 면에 센터대를 설치한 것으로서 밑면에 있는 2개의 롤러 중심간 거리(호칭치수)는 사인바에 롤러가 정확하게 제작되어 있다. 한쪽 롤러에 게이지블록을 고여서 윗면 테이퍼의 모선이 정반 면과 평행하도록 한 후 테이퍼 반각 ($\alpha/2$)을 구할 수 있다.

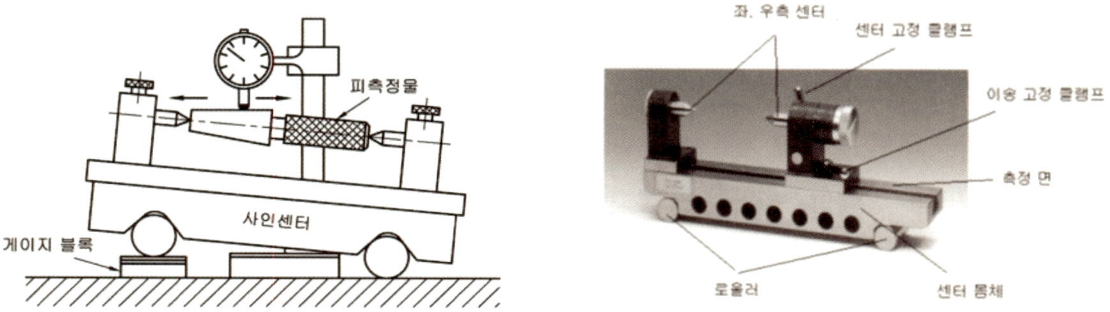

그림 10-1 사인센터를 이용한 각도측정

10.2 측정원리 및 순서

1. 사인바의 각도 계산

$\sin\frac{\alpha}{2} = \frac{H}{L}$ 에서 L은 사인센터의 호칭치수이고, H는 게이지블록의 높이이므로 테이퍼 각 $\alpha = 2\sin^{-1}\frac{H}{L}$로 구하며, 테이퍼 량 1/x는 테이퍼 반각 α/2를 $1/x = 2\tan(\alpha/2)$에 대입하여 계산한다.

2. 측정순서

1) 작업준비

① 정반을 깨끗이 닦고 그 위에 사인센터를 올려 놓는다.
② 다이얼게이지를 다이얼 스탠드에 부착하여 정반에 올려놓는다.
③ 사인센터의 센터대에 피측정물을 끼운 다음 테이퍼의 위쪽 모선이 정반면과 대략 평행이 되도록 게이지블록를 고인다.

2) 테이퍼 측정

① 다이얼 게이지로 테이퍼 양단의 높이차를 측정한다.
② 게이지블록을 조합할 때 게이지블록의 치수는 아래 공식을 이용한다.

$$x' = \frac{(D-d)}{2l} \times L$$

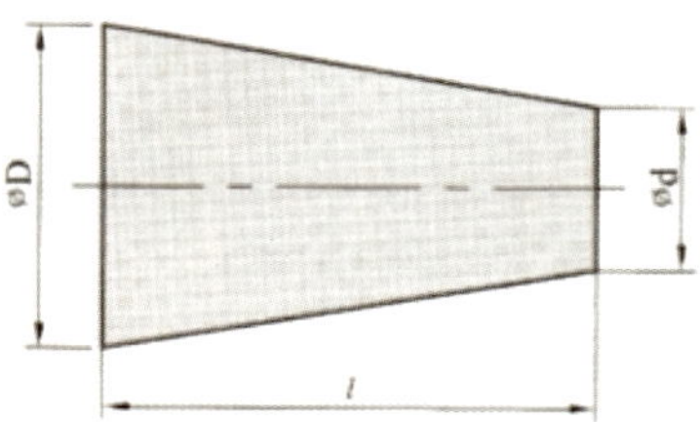

L : 사인센터의 롤러 중심간 거리 x' : 고여야 할 블록 게이지 치수

그림 10-2 사인센터를 이용한 각도 계산

③ 위의 ②에서 구한 x/ 값을 가감하여 게이지블록을 고인 다음 양단의 지시 값의 차를 구한다.

④ 양단의 지시값의 차이가 1~2 ㎛ 이 될 때까지 반복한다.

⑤ 양단의 높이차를 이용하여 가감하여야 할 게이지블록의 치수를 다음과 같이 구한다.

$$L : x = l' : h', \quad \therefore x' = \frac{h' \times L}{l'}$$

여기서, l': 측정면에서 다이얼 게이지를 좌우로 이동한 거리(m점 ~ n점)

h': m점과 n점에서의 지시차

L: 사인바의 호칭치수

x': 가감해야할 게이지 블록의 치수

3. 측정값을 이용한 각도 계산

1) H/L 측정값을 이용하여 $\sin\frac{\alpha}{2} = \frac{H}{L}$ 의 공식을 대입 도, 분, 초까지 계산한다.

2) 테이퍼량은 $\frac{1}{x} = 2\tan\frac{\alpha}{2}$ 의 공식을 이용하여 분자를 1로 표시하는 분수로 표시한다.

4. 정리정돈

1) 피측정물을 사인센터에서 분리하고 방청 처리한다.

2) 다이얼게이지 스탠드, 사인센터, 정반을 깨끗이 닦은 후 방청처리를 실시한다.

10.3 측정실습

과제명	사인센터를 이용한 경사각측정	시간: 1 HR

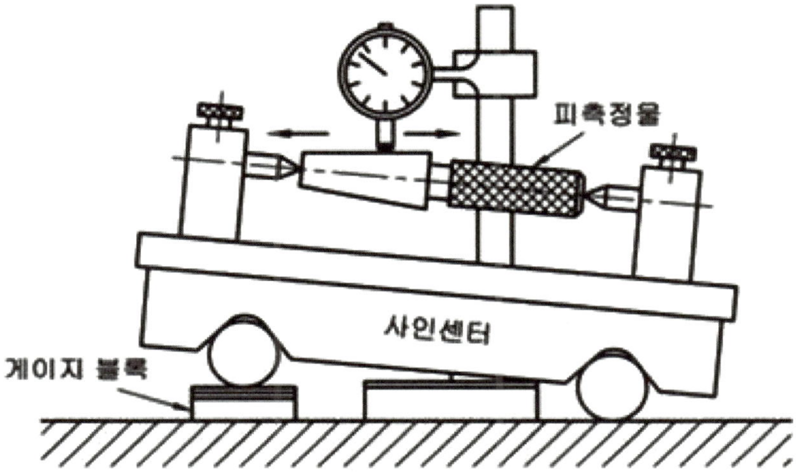

측정평가(70점)	항목	측정값					계산값			
		1회	2회	3회	4회	5회	평균	중위수	최빈값	표준편차
	L									
	H									
	α									

평가	작업평가(30점)				시간평가			
	측정방법 및 사용법	만점	양호	보통	소요시간(1 HR)			
	사용수칙 준수	10	8	6	측정 평가	작업 평가	시간 평가	합계
	정리정돈	10	8	6				

* α는 ±2'까지 측정하며 5회 반복 측정하여 평가표에 기입하고 다음 값들을 계산한다.

10.4 측정 시 주의사항

10.5 결과 및 고찰

스케줄표

마무리 학습 점검표

순	점검내용	평가표					비고
		5	4	3	2	1	
1	하이트마이크로미터를 이용하여 시편의 좌우 편차를 정확하게 조정할 수 있다						
2	좌우 편차값을 이용하여 블록게이지 높이를 설정할 수 있다						
3	측정데이터를 이용하여 각각의 측정항목을 정확하게 계산할 수 있다						
4	삼각함수 계산식을 정확하게 이해할 수 있다						
5	30분 내 답안지를 제출할 수 있다						

11 더브테일 측정

과제명	더브테일 측정실습
목 표	1. 더브테일의 측정 원리를 알 수 있다. 2. 내측 및 외측의 더브테일의 각도 및 소단거리를 계산할 수 있다. 3. 삼각함수를 이용하여 더브테일의 각도를 계산할 수 있다.

사용측정기기	소요재료	안전 및 유의사항
1. 외측마이크로미터 2. 깊이마이크로미터 3. 정밀정반 4. 게이지블록 5. 롤러(대, 소 각 1세트)	방청유 클리너 알코올 세무가죽	1. 진원도 및 원통도가 0.5 ㎛이하인 롤러를 사용하도록 한다. 2. 롤러 이용 측정 시 최대값을 읽도록 한다. 3. 깊이마이크로미터 측정 시 기준면이 뜨지 않도록 밀착시켜야 한다.

더브테일의 용도는 기계부품의 운동전달 또는 두 부품의 마찰 체결용으로도 사용되며, 측정 방법도 형상에 따라서 필요한 방법을 택해야 한다.

11.1 기초이론

외측 더브테일에 대·소 2종류의 룰러를 삽입해서 외측 치수 M_1과 M_2를 측정한 다음 각도 α를 계산한다.

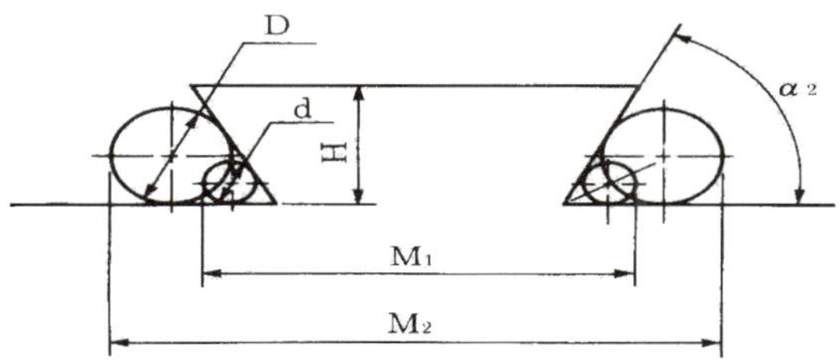

그림 11-1 외측 더브테일

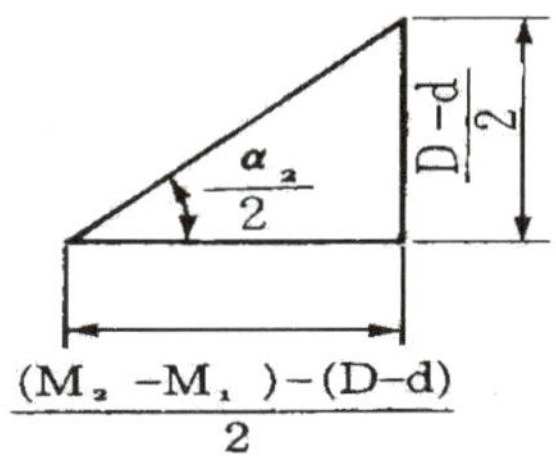

그림 11-2 각도계산

더브테일의 각도를 α라 하면,

$$\tan\frac{\alpha_2}{2} = \frac{(D-d/2)}{\{(M_2-M_1)-(D-d)\}/2}$$

$$= \frac{D-d}{(M_2-M_1)-(D-d)}$$

$$\alpha_2 = 2\tan^{-1}\frac{D-d}{(M_2-M_1)-(D-d)}$$

로 계산된다.

소단거리 S_1은 그림 11-3과 같이 M(M_1 또는 M_2)값으로부터 계산할 수 있다.

소단거리 $S_2 = M = \left(\frac{D}{2}+\frac{D}{2}\right) - 2X$, 여기서 $X = \frac{D}{2\tan\frac{\alpha_2}{2}}$ 이므로

$$S_2 = M - D - 2 \cdot \frac{D}{2\tan\frac{\alpha_2}{2}}$$

$$= M - D - \frac{D}{2\tan\frac{\alpha_2}{2}}$$

$$= M - d\left(1-\cot\frac{\alpha_2}{2}\right)$$

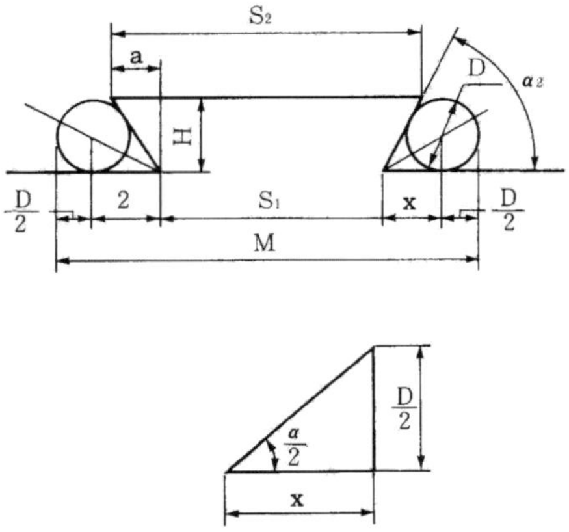

그림 11-3 소단거리 계산

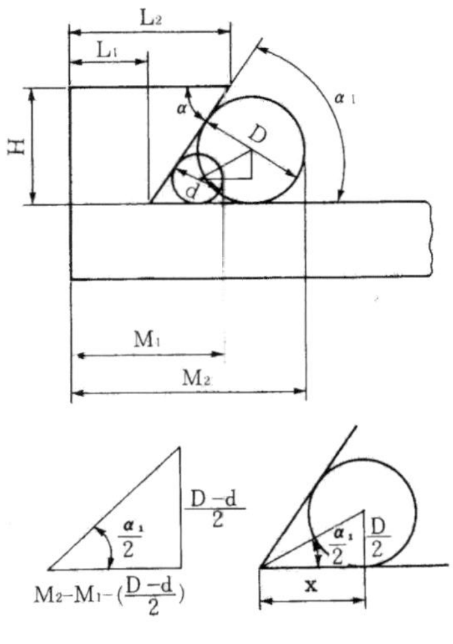

그림 11-4 내측더브테일의 측정

로 구하며, 대단 거리 S_2는 높이 H를 측정한 다음과 같이 계산된다.

$$S_2 = S_1 + 2\alpha$$

여기서 $\alpha = \dfrac{H}{\tan\alpha_2}$ 이므로

$$\begin{aligned} S_2 &= S_1 + 2 \cdot \frac{H}{\tan\alpha} \\ &= S_1 + 2H\cot\alpha_2 \end{aligned}$$

11.2 내측 더브테일의 측정

그림 11-4의 M_1, M_2, H, D, d 등의 값을 측정하여 각도 α, 소단거리 L_1, 대단 거리 L_2를 유도할 수 있다.

$$\tan\frac{\alpha_1}{2} = \frac{\frac{D-d}{2}}{(M_2 - M_2) - (\frac{D-d}{2})}$$

$$= \frac{dD-d}{2(M_2 - M_1) - (D-d)}$$

$$= L_1 = M_2 - \frac{D}{2} - X$$

$$= M_2 - \frac{D}{2} - (\frac{D}{2}/\tan\frac{\alpha_1}{2})$$

$$= M_2 - \frac{D}{2}(1 + \cot\frac{\alpha_1}{2})$$

$$L_2 = L_1 + (H/\tan\alpha_1)$$

$$= L_1 + H\cot\alpha_1)$$

1. 준비한다

1) 측정기, 피측정물, 롤러 등을 깨끗이 닦아 먼지, 기름 등의 불순물을 제거한다.

2) 외측 마이크로미터, 깊이 마이크로미터의 0점 조정을 한다.

3) 정반위에 피측정물, 롤러를 올려놓는다.

2. 측정한다

1) 그림 11-5와 같이 더브테일 홈에 작은 직경(∅d)의 롤러를 삽입하고, 외측 마이크로미터로 M_1을 측정한다.

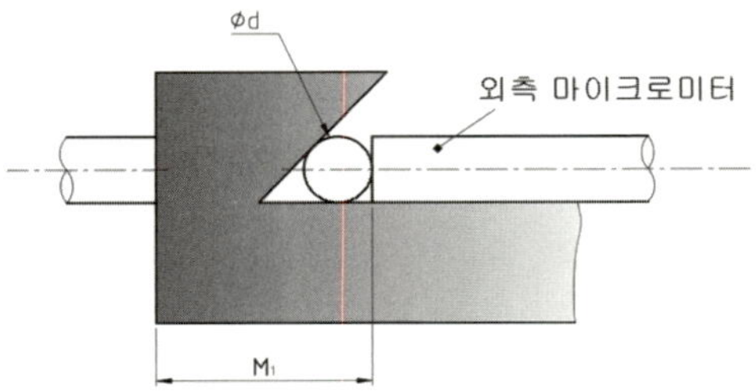

그림 11-5 소단경 이용측정(M_1 측정)

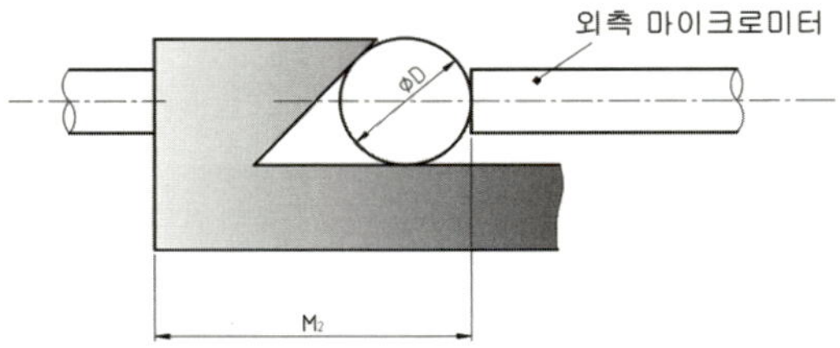

그림 11-6 대단경 이용측정(M_2 측정)

2) 그림 11-6과 같이 큰 직경 롤러(∅D)를 더브테일 홈에 삽입한 다음 M_2를 측정한다.

3) 단, 높이 H를 깊이 마이크로미터를 이용하여 그림 11-7과 같이 측정한다.

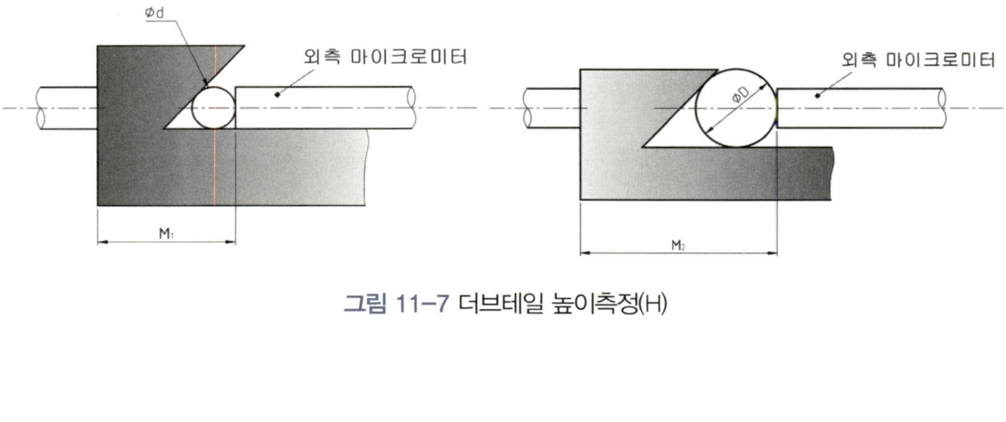

그림 11-7 더브테일 높이측정(H)

3. 측정값을 정리한다

1) 각도 α_1, 소단거리 L_1, 대단 거리 L_2를 계산한다.

4. 정리정돈을 한다

1) 사용한 측정기 및 피 측정물을 깨끗이 닦고 방청 처리한다.
2) 각 측정기는 상자에 넣어서 보관한다.
3) 주위를 정리 정돈한다.

11.3 외측 더브테일의 측정

1. 준비한다

1) 피측정물, 롤러, 마이크로미터 등을 깨끗이 닦는다.
2) 마이크로미터의 0점 조정을 한다.

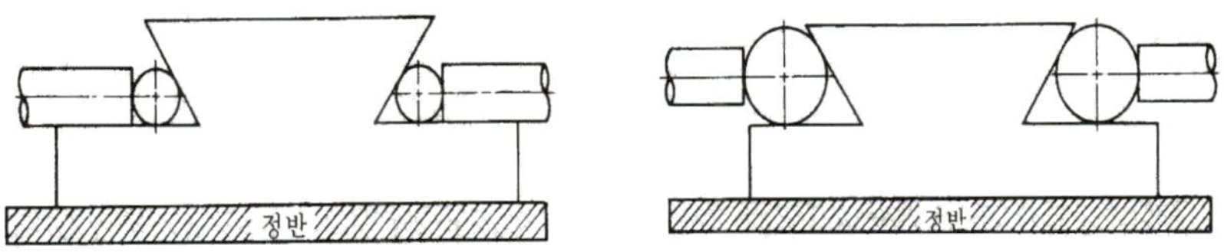

그림 11-8 외측 더브테일의 측정

2. 측정한다

1) 작은 직경($\varnothing$d)의 롤러를 이용하여 그림11-5와 M_1을 측정한다.
2) 큰 직경의 롤러를 이용하여 그림 11-6과 같이 M_2를 측정한다.
3) 깊이 마이크로미터를 이용하여 그림11-7과 높이 H를 측정한다.

3. 측정값을 정리한다

1) M_1, M_2 그리고 롤러의 직경 d, D를 이용하여 각도 α_1, 소단 거리 S_1, 대단 거리 S_2를 계산한다.

4. 정리정돈 한다

1) 사용한 측정기는 깨끗이 닦은 후 방청처리 한다.
2) 피측정물, 롤러도 방청처리하고 돌기유무를 확인한 후 상자에 보관한다.
3) 주위를 깨끗하게 정리정돈 한다.

【연습】

1. 롤러 d 및 D와 외측마이크로미터를 이용하여 외측 더브테일의 M_1 및 M_2를 측정하였더니 M_1 = 60.500 ㎜, M_2 = 75.000 ㎜였다. 더브테일의 각도 A 및 소단거리 S를 구하시오. (단, 롤러지름 d = 10.000 ㎜, D = 15.000 ㎜이다.)

11.4 측정실습(Ⅰ)

과제명	롤러를 이용한 내측 더브테일 측정	시간: 1 HR

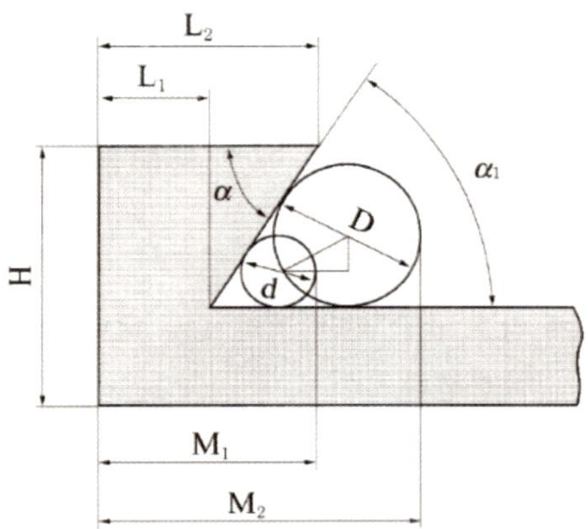

	항목	측정값					계산값			
		1회	2회	3회	4회	5회	평균	중위수	최빈값	표준편차
측정평가(70점)	α_1									
	M_1									
	M_2									
	L_1									
	L_2									
	H									

	작업평가(30점)				시간평가			
	측정방법 및 사용법	만점	양호	보통	소요시간(1 HR)			
평가	사용수칙 준수	10	8	6	측정평가	작업평가	시간평가	합계
	정리정돈	10	8	6				

* 측정에 사용되는 롤러의 원통도와 진원도는 0.5 ㎛ 이내를 선택한다. M_1, M_2 측정 시 최대값을 기록한다.

11.5 측정실습(II)

과제명	롤러를 이용한 외측 더브테일 측정	시간: 1 HR

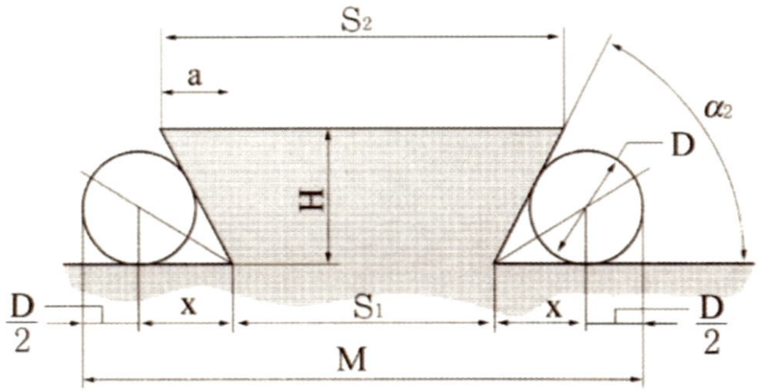

	항목	측정값					계산값			
		1회	2회	3회	4회	5회	평균	중위수	최빈값	표준편차
측정평가 (70점)	α									
	M_1									
	M_2									
	S_1									
	S_2									
	H									

	작업평가(30점)				시간평가			
	측정방법 및 사용법	만점	양호	보통	소요시간(1 HR)			
평가	사용수칙 준수	10	8	6	측정 평가	작업 평가	시간 평가	합계
	정리정돈	10	8	6				

* 측정에 사용되는 롤러의 원통도와 진원도는 0.5 ㎛ 이내를 선택한다. M_1, M_2 측정 시 최대값을 기록한다.

11.6 결과 및 고찰

스케줄표

마무리 학습 점검표

순	점검내용	평가표					비고
		5	4	3	2	1	
1	하이트마이크로미터를 이용하여 좌우 편차를 정확하게 조정할 수 있다						
2	좌우 편차값을 이용하여 블록게이지 높이를 설정할 수 있다						
3	측정데이터를 이용하여 각각의 측정항목을 정확하게 계산할 수 있다						
4	삼각함수 계산식을 정확하게 이해할 수 있다						
5	30분 내 답안지를 제출할 수 있다						

12 롤러를 이용한 경사각 측정

과제명	롤러를 이용한 경사각 측정실습	
목 표	1. 하이트마이크로미터를 이용하여 높이를 정확하게 측정할 수 있다. 2. 측정에 필요한 올바른 삼각함수를 이해하고 계산할 수 있다.	
사용측정기기	**소요재료**	**안전 및 유의사항**
1. 외측마이크로미터 2. 하이트마이크로미터 3. 정밀정반 4. 인디케이터(2μ 이내) 5. 블록게이지	방청유 클리너 알코올	1. 롤러는 치수가 동일한 것을 사용한다. 2. 측정 중 진동이나 흔들림이 없도록 주의한다. 3. 게이지블록 면에 롤러 중심이 접촉하도록 한다.

12.1 각도측정

아래 그림 12-1과 같이 하이트마이크로미터에 장착된 인디케이터(2μ 이내)를 이용하여 h1,과 h2를 측정한 다음 삼각함수를 이용하여 각도 α를 계산한다.

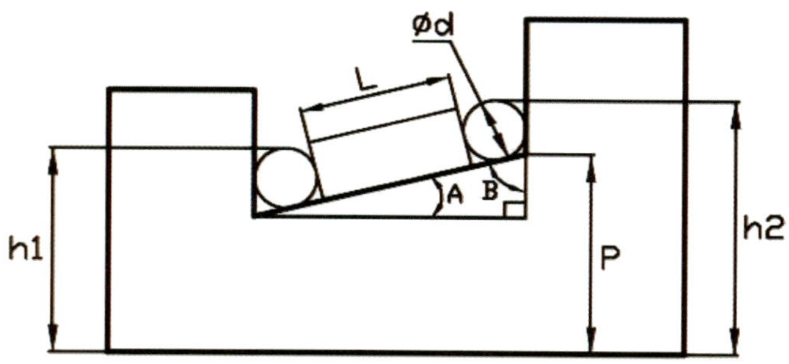

그림 12-1 롤러를 이용한 경사각 측정

12.2 각도계산

그림 12-1과 같이 정밀하게 높이를 측정한 후에 는 아래 공식을 이용하여 각도 α를 계산한다.

$$\alpha = \sin^{-1}\frac{h_2 - h_1}{L + D}$$

D: 롤러 직경

L: 게이지 블록 치수

1. 롤러를 이용하여 그림 12-1과 같이 측정한 결과 h_1=42.000 ㎜, h_2= 56.000 ㎜ d=8.000 ㎜, L=60.000 ㎜이다. 이 측정 데이터를 이용하여 각도 α 및 교점높이 P를 계산하시오.

풀이

$$\alpha = \sin^{-1}\frac{h_2 - h_1}{L + D} = \sin^{-1}\frac{56.000 - 42.000}{60.000 + 8.000} = 11^\circ 52'52''$$

$$P = h - \frac{d}{2}\left(1 + \frac{1}{\tan\frac{180^\circ - B}{2}}\right) = 56.000 - \frac{8.000}{2}\left(1 + \frac{1}{\tan\frac{180^\circ - 78^\circ 7'8''}{2}}\right)$$

$$= 48.754\,mm \qquad (B = 90^\circ - A = 78^\circ 7'8'')$$

12.3 작업순서

1. 준비사항

1) 정반 상에 하이트마이크로미터, 피측정물을 올려 놓는다.
2) 장착된 하이트마이크로미터에 인디케이터를 장착한다.
3) 11 ㎜ 게이지블록에 접촉시켜 하이트마스터에 0점 조정을 실시한다.

2. 부품측정

1) 하이트마이크로미터를 이용하여 h_1의 최대점을 측정한다.
2) 동일한 방법으로 h_2의 최대점을 측정한다.

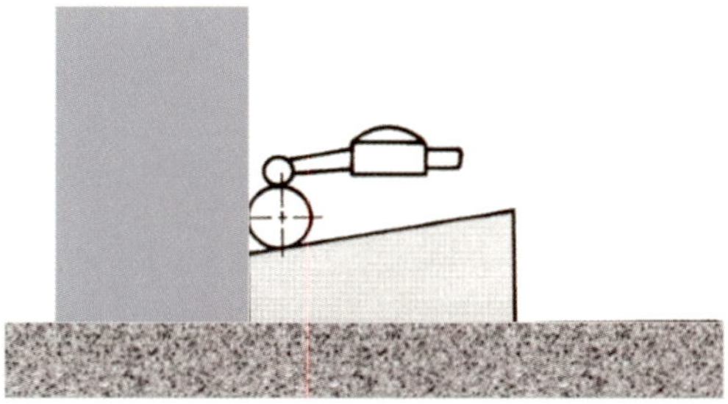

(a) 높이 h_1측정

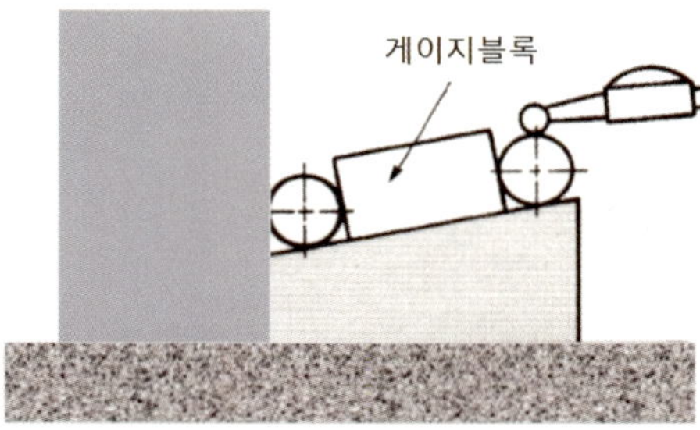

(b) 높이 h_2측정

3. 측정값 정리

1) 측정치수를 이용하여 $\alpha = \sin^{-1}\frac{h_2 - h_1}{L+D}$ 공식값을 대입하여 도, 분, 초 단위까지 계산 후 기록한다.

12.4 측정실습

과제명	롤러를 이용한 경사각 측정	시간: 1 HR

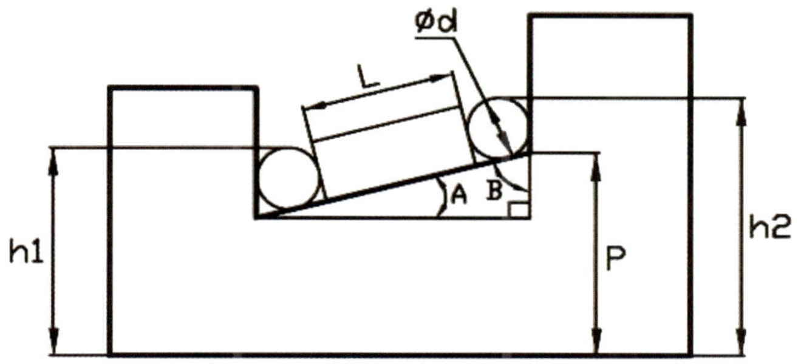

	항목	측정값					계산값			
		1회	2회	3회	4회	5회	평균	중위수	최빈값	표준편차
측정평가 (70점)	d									
	L									
	h_1									
	h_2									
	α									
평가	작업평가(30점)						시간평가			
	측정방법 및 사용법			만점	양호	보통	소요시간(1 HR)			
	사용수칙 준수			10	8	6	측정평가	작업평가	시간평가	합계
	정리정돈			10	8	6				

* α 는 ±2'까지 측정하며 5회 반복 측정하여 평가표에 기입하고 다음 값들을 계산한다.

12.5 측정 시 주의사항

12.6 결과 및 고찰

스케줄표

마무리 학습 점검표

순	점검내용	평가표					비고
		5	4	3	2	1	
1	11 ㎜ 게이지블록을 이용하여 하이트마스터의 영점을 셋팅할 수 있다.						
2	하이트마이크로미터를 이용하여 h_1, h_2를 정확하게 측정할 수 있다						
3	측정데이터를 이용하여 경사각도를 정확하게 계산할 수 있다						
4	삼각함수 계산식을 정확하게 이해할 수 있다						
5	30분 내 답안지를 제출할 수 있다						

13 V블록 각도 측정

과제명	V블록 각도 측정실습	
목 표	1. 하이트마이크로미터를 이용하여 V블록 각도를 정확하게 측정할 수 있다. 2. 측정에 필요한 올바른 삼각함수를 이해하고 계산할 수 있다.	
사용측정기기	**소요재료**	**안전 및 유의사항**
1. 외측마이크로미터 2. 하이트마이크로미터 3. 정밀정반 4. 인디케이터(2μ 이내) 5. 블록게이지 6. V블록	방청유 클리너 알코올	1. 롤러는 진원도, 원통도가 양호한 것을 사용한다. 2. 측정 중 진동이나 흔들림이 없도록 주의한다. 3. V블록의 요철에 따른 측정오차가 발생되므로 측정 전에 돌기부분을 제거해야한다.

13.1 각도측정

아래 그림 13-1과 같이 하이트마이크로미터에 장착된 인디케이터(2μ 이내)를 이용하여 H_1,과 H_2를 측정한 다음 삼각함수를 이용하여 각도 α를 계산한다.

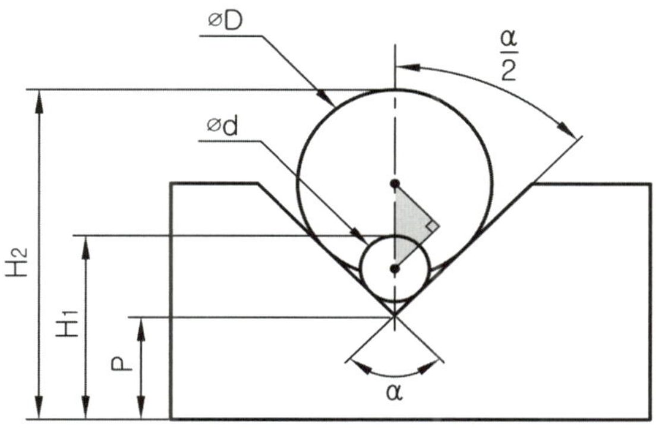

그림 13-1 롤러를 이용한 V블록 각도 측정

13.2 각도계산

그림 13-1과 같이 정밀하게 H_1과 H_2 높이를 측정한 후에 는 아래 공식을 이용하여 각도 α를 계산한다.

$$\alpha = 2\sin^{-1}\frac{(D-d)}{2(H-h)-(D-d)}$$

D: 롤러 대 직경

d : 롤러 소 직경

1. 정반상에서 V블록 각부의치수를 측정하기 위하여 하이트마이크로미터로 직경이 작은 롤러 지름 d를 이용하여 H_1을 측정하고, 직경이 큰 롤러 D를 이용하여 H_2 측정하여 H_1=23.500 ㎜, H_2= 41.605 ㎜, d=10.000 ㎜, D=25.000 ㎜이다. 이 측정 데이터를 이용하여 V블록의 각도 α 및 V블록의 교점높이 P를 계산하시오.

풀이

$$\alpha = 2\sin^{-1}\frac{(D-d)}{2(H_2-H_1)-(D-d)}$$

$$= 2\sin^{-1}\frac{(25.000-10.000)}{2(41.605-23.500)-(25.000-10.000)}$$

$$= 90^\circ 01'02''$$

$$P = H_1 - \frac{d}{2}\left(1+\frac{1}{\sin\frac{\alpha}{2}}\right) = 23.500 - \frac{10.000}{2}\left(1+\frac{1}{\sin\frac{90^\circ 01'02''}{2}}\right) = 11.430\,mm$$

13.3 작업순서

1. 준비사항

1) 11 ㎜ 게이지블록에 접촉시켜 하이트마스터에 0점 조정을 실시한다.

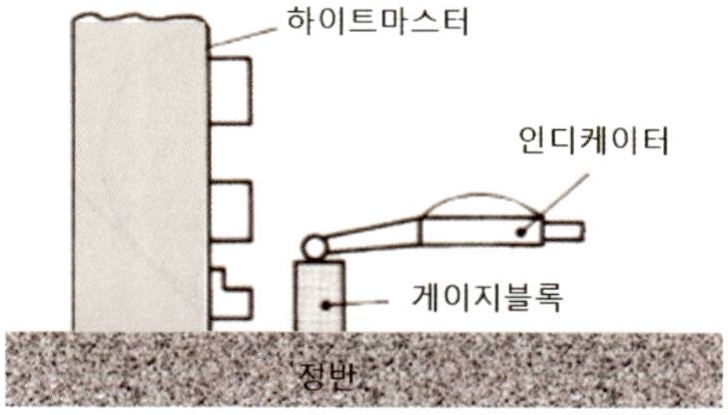

그림 12-2 하이트마스터 영점조정

2. 부품측정

1) 작은 직경의 (d) 롤러를 V블록에 올려놓고 하이트마이크로미터를 이용하여 H_1의 최대점을 측정한다.
2) 작은 직경의 (d) 롤러를 V블록에 올려놓고 동일한 방법으로 H_2의 최대점을 측정한다.

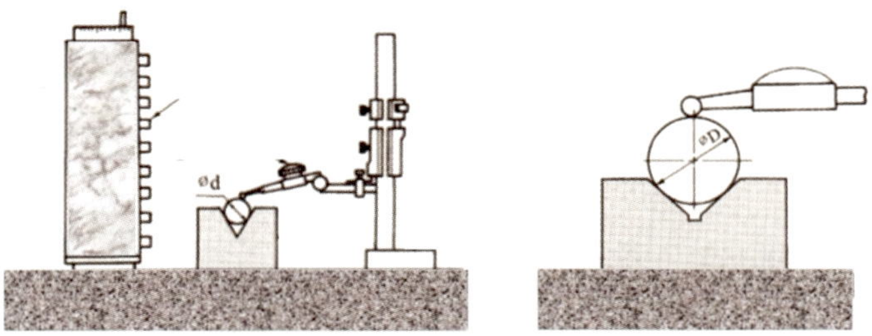

(a) 높이 H_1측정 (b) 높이 H_2측정

그림 12-3 V블록 높이 측정

3. 측정값 정리

1) 롤러직경 (d, D) 및 높이 H_1과 H_2를 이용하여 V블록 각도 및 P를 계산한다.

13.4 측정실습

과제명	롤러를 이용한 V블록 각도 측정	시간: 1 HR

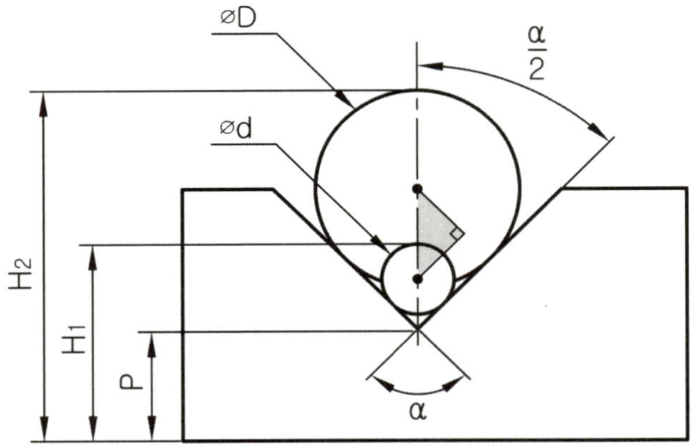

	항목	측정값					계산값			
		1회	2회	3회	4회	5회	평균	중위수	최빈값	표준편차
측정평가 (70점)	d									
	D									
	H_1									
	H_2									
	α									
	P									

	작업평가(30점)				시간평가			
평가	측정방법 및 사용법	만점	양호	보통	소요시간(1 HR)			
	사용수칙 준수	10	8	6	측정평가	작업평가	시간평가	합계
	정리정돈	10	8	6				

* 각도 α 는 허용치는 ±45'까지 측정하며 5회 반복 측정하여 평가표에 기입하고 다음 값들을 계산한다.

13.5 측정 시 주의사항

13.6 결과 및 고찰

스케줄표

마무리 학습 점검표

순	점검내용	평가표					비고
		5	4	3	2	1	
1	11 ㎜ 게이지블록을 이용하여 하이트마스터의 영점을 셋팅할 수 있다						
2	하이트마이크로미터를 이용하여 H_1, H_2를 정확하게 측정할 수 있다						
3	측정데이터를 이용하여 V블록 각도 및 P높이를 정확하게 계산할 수 있다						
4	삼각함수 계산식을 정확하게 이해할 수 있다						
5	30분 내 답안지를 제출할 수 있다						

14 오퍼핀법에 의한 기어 이두께 측정

과제명	오버핀법에 의한 기어 이두께 측정실습
목 표	1. 오버핀법에 의한 기어 이두께 측정 원리를 알 수 있다. 2. 측정데이터를 이용하여 모듈(m), 핀 직경(dp), 이두께(dm) 구할 수 있다. 3. 오버핀법에 의한 평기어의 이두께를 0.01 ㎜까지 측정할 수 있다.

사용측정기기	소요재료	안전 및 유의사항
1. 외측마이크로미터 2. 핀 3. 정밀정반 4. 평기어	방청유 클리너 알코올	1. 측정기에 절대 충격을 가하지 않는다. 2. 측정 전에 클리너를 이용하여 정반을 깨끗하게 닦는다. 3. 측정 시 온도변화을 방지하기 위하여 장갑을 착용한다.

14.1 관련지식

그림 14-1과 같이 인벌류트 치형 구조의 평기어는 두 축이 평행할 때 동력을 전달한다. 일반적으로 다는 종류의 기어에 비해 제작공정이 간단하여 가전제품, 공작기계 등 여러 산업분야에서 동격 전달용으로 많이 사용되고 있다. 그러나 단점으로는 동력전달 시 소음이 많이 발생한다.

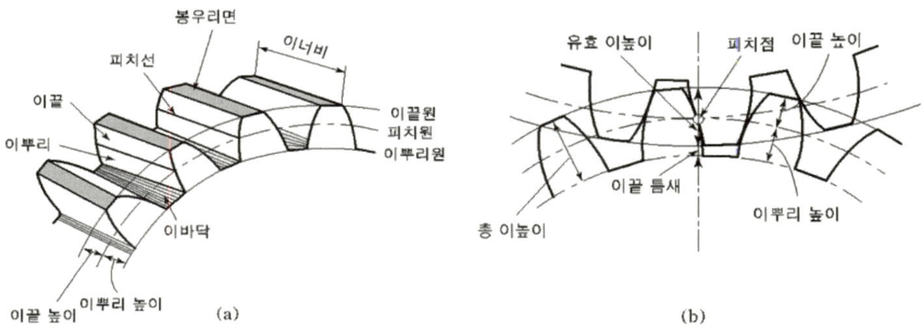

그림 14-1 인벌류트 치형을 갖는 평기어 각 부 명칭

14.2 오버핀법

외측마이크로미터를 이용하여 아래 그림 14-2와 같이 반대측에 있는 이 홈에 넣은 핀 또는 강구의 외측에서 측정한 치수 dm에서 이두께의 치수차를 구할 수 있다. 표준기어에는 가장 적합한 지름 dp=te/2의 측정편을 사용했을 경우의 dm의 이론값은 다음과 같이 된다. (+부호: 외접기어, -부호: 내접기어)

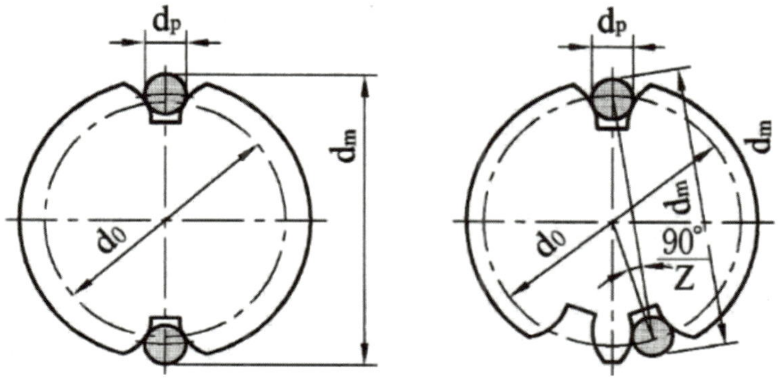

그림 14-2 오버핀법 측정원리

이론적으로 평기어의 이두께(dm)가 짝수 잇수인 경우(a)에는 $dm = do \pm dp$ 로 계산되어지며, 홀수 잇수인 경우에는 $dm = do \times \cos\frac{90^\circ}{z} \pm dp$로 계산한다. 그러므로 측정 전에 기어의 잇수가 홀수인지 짝수인지를 반드시 확인 후 측정을 해야 한다.

측정에 사용할 핀은 아래 공식에 의거하여 선택한다.

$$dp = m \times 1.728$$
dp : 사용할 핀의 직경
m : 모듈

예를들어 도면에 모듈(m)이 2인 경우에는 위에 공식을 적용하여 $dp = 2 \times 1.728 = 3.456\ mm$ 이므로 3 ㎜ 핀을 선택한다.

또한 모듈(m)은 $m = \frac{Dk}{Z+2}$ 로 계산된다.

돌발! 퀴즈~

1. 도면에 모듈(m)이 3인 경우 측정에 사용할 핀의 직경을 구하시오.

정답

$dp = m \times 1.728$

dp: 사용할 핀의 직경

m: 모듈

$dp = 3 \times 1.728 = 5.184\ mm$

2. 바깥지름이 480 ㎜, 잇수가 46개인 표준스퍼기어의 모듈을 계산하시오.

정답

$m = \dfrac{Dk}{Z+2}$ 의 공식을 적용하여

$m = \dfrac{480}{46+2} = 10$

14.3 기어 이두께 측정

그림 14-3과 같이 외측마이크로미터와 핀 2개 그리고 측정할 기어를 준비한다.

그림 14-3 오버핀법을 이용한 기어 이두께 측정순서

1. 준비과정

1) 피측정물을 깨끗하게 닦는다.
2) 측정 대상 기어를 정반위에 올려놓는다.
3) 마이크로미터의 영점조정을 실시한다.
4) 측정대상 기어의 잇수 및 측정항목을 확인한다.
5) $dp = m \times 1.728$ 공식을 대입하여 측정대상 핀의 규격을 결정한다.

2. 측정실시

1) 핀 2개를 이용해 기어의 양측면에 고정시킨다.
2) 외측마이크로미터를 이용해 해당치수(dm)을 측정한다.
3) 측정이 완료되면 측정값의 평균 및 모듈(m), 핀의직경(dp), 이론적이두께(dm)을 각각 계산한 후 성적서에 기록한다.

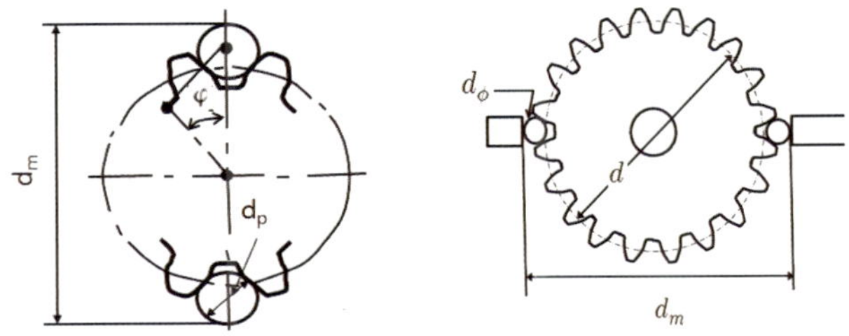

그림 14-3 오버핀법을 이용한 기어 이두께 측정

14.4 측정실습

과제명	오버핀법을 이용한 기어이두께 측정	시간: 1 HR

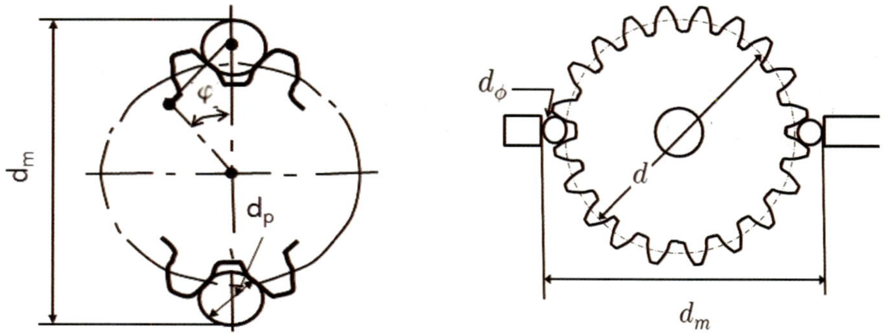

측정평가 (70점)	항목	측정값					계산값			
		1회	2회	3회	4회	5회	평균	중위수	최빈값	표준편차
	dm									

평가	작업평가(30점)				시간평가			
	측정방법 및 사용법	만점	양호	보통	소요시간(1 HR)			
	사용수칙 준수	10	8	6	측정평가	작업평가	시간평가	합계
	정리정돈	10	8	6				

* 허용공차는 ±0.02 ㎜이며 5회 반복 측정하여 평가표에 기입하고 다음 값들을 계산한다.

14.5 측정 시 주의사항

14.6 결과 및 고찰

스케줄표

마무리 학습 점검표

순	점검내용	평가표					비고
		5	4	3	2	1	
1	게이지블록을 이용하여 외측마이크로미터의 영점을 셋팅할 수 있다						
2	마이크로미터를 이용하여 dm을 ±0.02 ㎜ 이내 정확하게 측정할 수 있다						
3	측정에 사용된 핀의 규격을 계산식을 이용하여 정확하게 계산할 수 있다						
4	계산식을 통해 기어의 모듈(m)을 정확하게 계산할 수 있다						
5	30분 내 답안지를 제출할 수 있다						

15 걸치기 이두께 측정

과제명	기어 걸치기 이두께 측정실습
목 표	1. 이두께 마이크로미터의 측정 원리를 알 수 있다. 2. 마이크로미터를 이용하여 평기어의 이두께를 측정할 수 있다. 3. 평기어의 이두께를 0.01 ㎜까지 정확하게 측정할 수 있다.

사용측정기기	소요재료	안전 및 유의사항
1. 이두께마이크로미터 2. 정밀정반 3. 평기어	방청유 클리너 알코올	1. 측정기에 절대 충격을 가하지 않는다. 2. 측정 전에 클리너를 이용하여 정반을 깨끗하게 닦는다. 3. 측정 시 온도변화을 방지하기 위하여 장갑을 착용한다.

15.1 관련지식

스퍼어 기어, 헬리컬 기어 등의 걸치기 이두께 치수 관리는 매우 중요하다. 만약 이두께 치수가 불량이라면 기어 작동 시 소음 발생 및 파손이 발생할 수 있기 때문이다. 기어 이두께 측정방법에는 그림 15-1과 같이 이두께 버니어 캘리퍼스(gear tooth vernier calipers)를 이용하여 직각인 두 방향으로 조합된 2조의 버니어 캘리퍼스에 의하여 기어의 피치원에 있어서의 이두께를 측정하는 방법 및 접시형태의 디스크판 형태의 이두께 마이크로미터를 이용하여 기어 이를 3개 이상 물려서 측정한 후 평균값을 계산하는 방식이 많이 사용된다.

(a) 현의 이두께 측정

(b) 걸치기 이두께 측정

그림 15-1 이두께 마이크로미터를 이용한 평기어 이두께 측정

15.2 이론적 걸치기 이두께 계산

1. 걸치기 잇수 결정

표준스퍼기어의 압력각 α=20이 이므로 다음 계산식으로 걸치기 잇수를 결정한다.

$$Z_n = \frac{\alpha \cdot Z}{180} + 0.5$$

2. 압력각 α= 14.5° 일 때

$$E_m = m(3.04152 Z_n + 0.0053682 Z - 1.52076)$$

3. 압력각 α= 20° 일 때

$E_m = m(2.95213 Z_n + 0.0140055 Z - 1.47606)$으로 계산되어진다.

돌발! 퀴즈~

1. 이두께 측정 시 m=3, αn=20 ° , Z=30일 때 기어 이 두께를 계산하시오.

정답

$$Z_n = \frac{\alpha \cdot Z}{180} + 0.5 = \frac{20 \times 30}{180} + 0.5 = 3.833$$

$$E = (2.95213 \times 4 + 0.0140055 \times 30 - 1.47606) = 10.7526$$

$$E_4 = 10.7526 \times 3 = 32.2578$$

15.3 기어 이두께 측정

그림 15-2와 같이 이 두께 마이크로미터를 이용하여 기어의 이 두께를 측정한다.

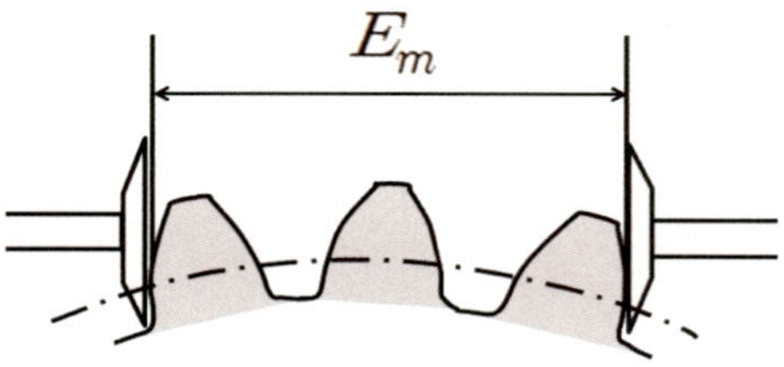

그림 15-2 기어 이두께 측정

1. 준비한다

1) 기어 이 홈에 이물질이 없도록 알콜을 이용하여 깨끗하게 닦는다.
2) 이 두께 마이크로미터의 영점조정을 확인한다.
3) 도면에 기록된 이 두께 치수를 확인한다.
4) $Z_n = \frac{\alpha \cdot Z}{180} + 0.5$ 공식을 이용하여 걸치기 잇수를 계산한다.

2. 측정한다

1) 이 두께 마이크로미터를 이용하여 걸치기 잇수 공식으로 계산된 잇 수만큼의 치수를 측정한다.
2) 도면에 표기된 압력각(α)를 기준으로 상기 공식을 대입하여 이 두께 치수를 계산한다.
3) 90° 간격으로 회전하면서 측정을 한다.
4) 측정값과 이론값을 비교하여 공차 내 합, 부 판정을 실시한다.

3. 정리정돈한다

1) 측정 후에는 정반 및 측정기를 깨끗하게 닦는다.

15.4 측정실습

과제명	걸치기 기어이두께 측정	시간: 1 HR

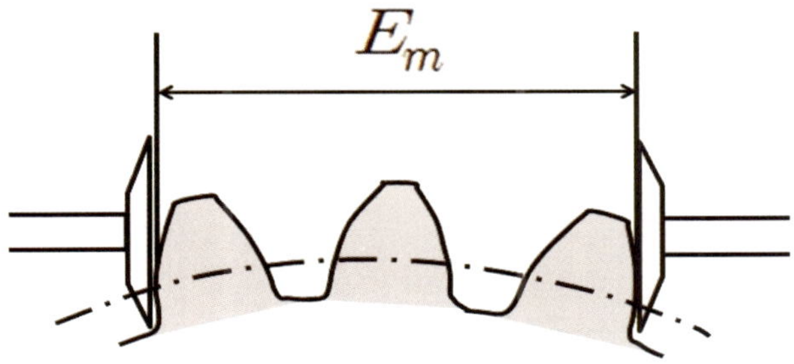

	항목	측정값					계산값			
		1회	2회	3회	4회	5회	평균	중위수	최빈값	표준편차
측정평가 (70점)	Em									

	작업평가(30점)				시간평가			
	측정방법 및 사용법	만점	양호	보통	소요시간(1 HR)			
평가	사용수칙 준수	10	8	6	측정평가	작업평가	시간평가	합계
	정리정돈	10	8	6				

* 허용공차는 ±0.02 ㎜이며 5회 반복 측정하여 평가표에 기입하고 다음 값들을 계산한다.

15.5 측정 시 주의사항

15.6 결과 및 고찰

스케줄표

마무리 학습 점검표

순	점검내용	평가표					비고
		5	4	3	2	1	
1	게이지블록을 이용하여 외측마이크로미터의 영점을 셋팅할 수 있다						
2	마이크로미터를 이용하여 Em을 ±0.02 ㎜ 이내 정확하게 측정할 수 있다						
3	측정에 사용된 핀의 규격을 계산식을 이용하여 정확하게 계산할 수 있다						
4	계산식을 통해 기어의 잇수(Z)을 정확하게 계산할 수 있다						
5	30분 내 답안지를 제출할 수 있다						

16 나사 유효지름 측정

<table>
<tr><th>과제명</th><th colspan="2">나사 유효지름 측정실습</th></tr>
<tr><td>목 표</td><td colspan="2">1. 나사마이크로미터의 측정 원리를 알 수 있다.
2. 측정에 필요한 올바른 삼침을 선택할 수 있다.
3. 측정데이터를 이용하여 수나사의 유효지름을 계산할 수 있다.</td></tr>
<tr><th>사용측정기기</th><th>소요재료</th><th>안전 및 유의사항</th></tr>
<tr><td>1. 외측마이크로미터
2. 삼침 세트
3. 정밀정반
4. 나사마이크로미터</td><td>방청유
클리너
알코올</td><td>1. 측정기에 절대 충격을 가하지 않는다.
2. 측정 전에 클리너를 이용하여 정반을 깨끗하게 닦는다.
3. 측정 시 온도변화을 방지하기 위하여 장갑을 착용한다.</td></tr>
</table>

나사측정에는 나사마이크로미터와 삼침을 이용하여 측정하는 방법이 있다.

16.1 나사마이크로미터를 이용한 유효경 측정

나사 마이크로미터의 측정은 V형 엔빌과 원뿔형 스핀들로 나사를 측정한다. 일반적으로 나사의 크기에 따라 교환이 가능하도록 세트로 구비되어 있다. 측정방법은 나사의 골에서 나사산의 높이까지의 길이를 측정하는 것으로 이것은 산의 중시에서 중심까지의 치수이므로 유효지름이 측정되는 것이다. 따라서, 이 측정에는 나사산이 축에 정확하게 직각이 되는 조건에서 측정하여야 한다.

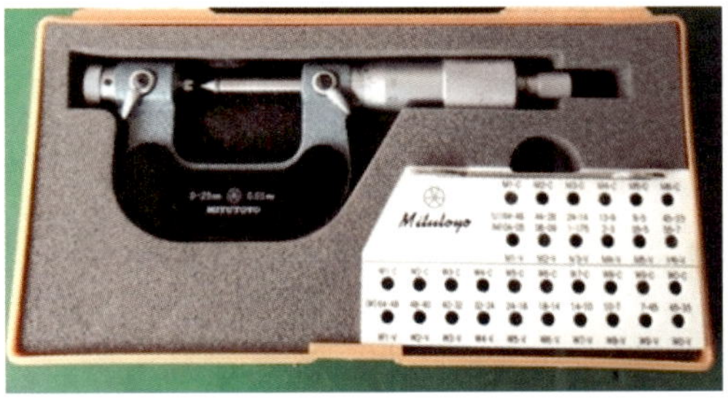

그림 16-1 나사마이크로미터를 이용한 유효경 측정

16.2 삼침게이지를 이용한 유효경 측정

나사 홈 한쪽에 2개, 다른 쪽에 1개의 동일직경의 핀을 이용하여 그 외경을 마이크로미터로 측정하고 계산에 의하여 피치원 직경을 측정하는 방법을 삼침법이라 한다. 삼침법에 의한 측정은 연삭 가공한 정밀한 나사의 유효경 측정 시 사용되며, 나사 유효경 측정 시 가장 정도가 높으므로 현업에서 많이 사용하는 측정방법이다.

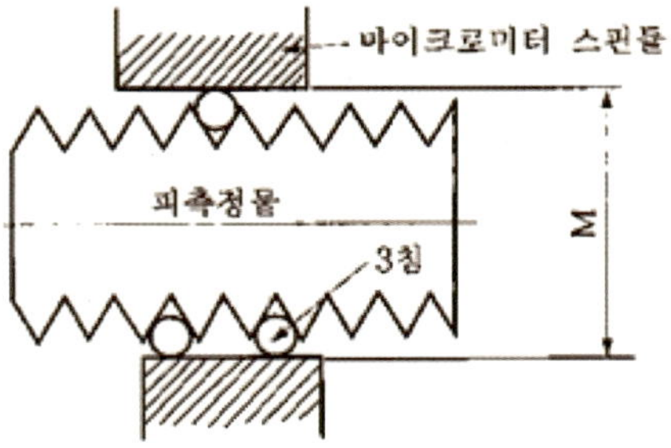

그림 16-2 삼침게이지를 이용한 유효경 측정

1. 유효경 산출 계산

3침법은 정확하고 동일한 직격의 3개의 핀을 이용하여 아래 그림 15-3과 같이 나사의 한쪽에 2개의 핀을 반대쪽에 1개를 나사 홈에 삽입 후 삼침의 외측치수 M을 측정하여 유효경(De)를 계산한다.

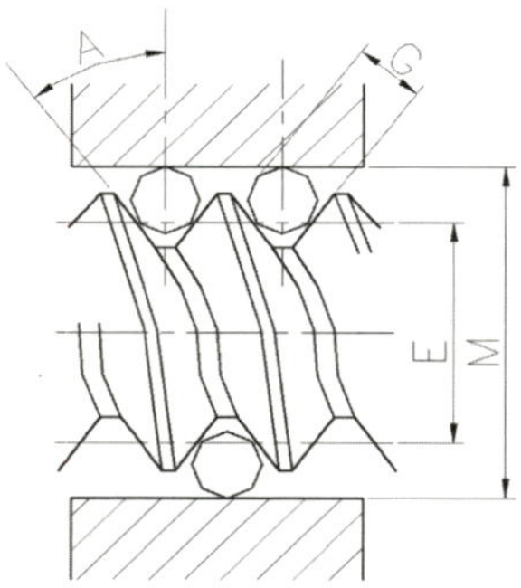

E : 나사의 유효경

M : 핀 위에서의 측정거리

P : 나사 피치

G : 핀의 직경

그림 16-3 삼침게이지를 이용한 유효경 측정원리

2. 유효경 산출공식

1) 미터나사, 유니파이 나사(α=60°)

$$De = M - 3dw + 0.866025 \times P$$

2) 휘트워드 나사(α=55°)

$$De = M - 3.16568dw + 0.96041 \times P$$

3. 최적 선경

유효경 측정 오차의 영향이 가장 작은 3침을 최적 선경이라 하며 미터나사, 유니파이 나사에서는 α=60° 이므로 최적 선경 dw는 아래와 같이 계산되어지며,

$$dw = 0.57735 \times P$$

또한 휘트워트 나사는 α=55° 이므로 최적 선경 dw는 아래와 같이 계산되어진다.

$$dw = 0.56369 \times P$$

16.3 삼침게이지를 이용한 측정순서

1. 준비하기

1) 피측정물을 깨끗이 닦은 후 정반위에 세워 놓는다.
2) 마이크로미터의 0점 조정을 확인한다.
3) 최적선경 공식을 이용하여 삼침세트에서 해당 삼침을 선정한다.
4) 나사 측정용 3침 홀더 하나는 마이크로미터 앤빌쪽에, 다른 부위는 스핀들 쪽에 끼운다.

2. 측정하기

1) 마이크로미터 심블을 돌려 제품을 측정할 수 있는 거리를 벌린다.
2) 삼침을 피측정물에 접촉이 되도록 측정한다.
3) 나사 부분의 상단, 중간, 하단을 측정 후 기록한다.
4) 피측정물을 원주방향으로 90°로 돌려 상단, 중간, 하단을 측정 후 기록한다.

3. 측정값 계산하기

1) 측정을 통하여 얻어진 데이터를 이용하여 측정값의 평균치를 구한다.
2) 미터나사 유효경 공식을 대입하여 나사의 유효경을 측정한다.

4. 피치가 1.5 ㎜인 나사의 유효지름을 측정할 경우에 적당한 삼침게이지의 지름을 구하시오.

풀이

$dw = 0.57735 \times P$ 공식을 이용하여 $dw = 0.57735 \times 1.5 = 0.8666\, mm$

5. 나사측정에서 삼침을 넣고 측정하였더니 M=22.156 ㎜이고, P=2.0 ㎜이였다. 유효지름을 구하시오.

풀이

$dw = 0.57735 \times P$ 공식을 이용하여 $dw = 0.57735 \times 2.0 = 1.1547\, mm$

$De = M - 3dw + 0.866025 \times P = 22.156 - 3 \times 1.1547 + 0.866025 \times 2 = 20.424\, mm$

16.4 측정데이터 계산

1. 최적선경(삼침값):

2. M값:

3. 계산식:

4. 유효경 측정값:

16.5 결과 및 고찰

스케줄표

마무리 학습 점검표

순	점검내용	평가표					비고
		5	4	3	2	1	
1	측정 전 최적선경을 정확하게 선정할 수 있다						
2	삼침을 이용하여 나사의 유효경을 정확하게 측정할 수 있다						
3	각각의 계산식을 이용하여 나사의 유효경을 정확하게 계산할 수 있다						
4	30분 내 답안지를 제출할 수 있다						

17 오토콜리미터를 이용한 각도측정

과제명	오토콜리미터를 이용한 각도 측정실습
목 표	1. 오토콜리미터의 측정 원리를 알 수 있다. 2. 복잡한 형상의 각도를 응용하여 측정할 수 있다. 3. 측정데이터를 이용하여 NPL식 각도게이지의 각도를 계산할 수 있다.

사용측정기기	소요재료	안전 및 유의사항
1. 회전테이블 2. 오토콜리미터 3. NPL식 각도 시편 4. 변압조정장치	방청유 클리너 알코올	1. 측정기에 절대 충격을 가하지 않는다. 2. 회전테이블의 평면도가 양호한지 확인한다. 3. 회전테이블의 백래시를 방지하기 위하여 항상 일정한 방향으로 회전시킨다. 4. 측정 시 온도변화을 방지하기 위하여 장갑을 착용한다.

17.1 오토콜리미터를 이용한 각도 측정

오토콜리메이터는 미소각을 측정하는 광학적측정기로서 오토콜리메이팅 망원경(auto collimating telescope)라고도 하고, colimator와 망원경을 일체로 한 것이며, 평면경, 프리즘(prism)등을 이용 정밀 정반의 평면도, 공작기계 베드면의 진직도, 직각도, 기타 미소각도의 차, 변화, 흔들림 등 광범위하게 이용되고 있다.

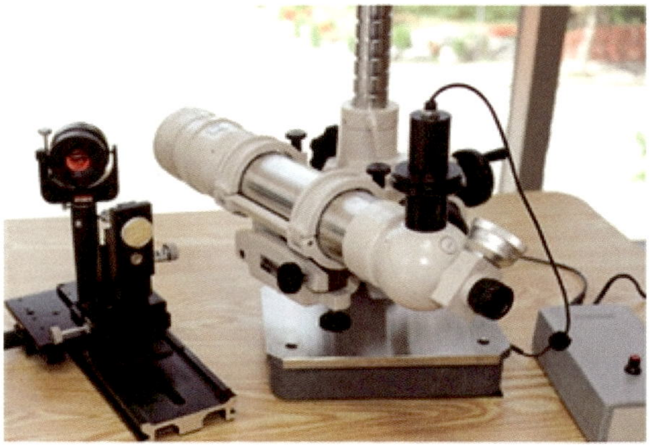

그림 17-1 오토콜리미터 구조

17.2 오토콜리미터 측정원리

오토콜리메이터는 망원경의 대물렌즈의 초점면에 표선을 놓고 대물렌즈를 통과하여 나오는 빛을 망원경의 전방에 놓은 반사경에서 다시 망원경으로 되돌아오게 하여 대물렌즈에 의하여 초점면에 생긴 표선의 상의 위치가 거기에 놓인 눈금에 의하여 측정할 수 있는 구조의 망원경으로서, 반사경과 망원경의 관계위치가 기울기로 변했을 때, 상의 위치가 이동하는 것을 이용하여 작은 각도의 측정 또는 면의 설정 등을 측정할 때 사용한다. 그림과 같이 대물렌즈의 집점거리를 f라 하고 평면경의 기울기를 $\delta\theta$라 하고, 십자선의 상의 이동량을 d라 하면, d=f tan2 $\delta\theta$=2f$\delta\theta$ 의 관계식이 성립된다.

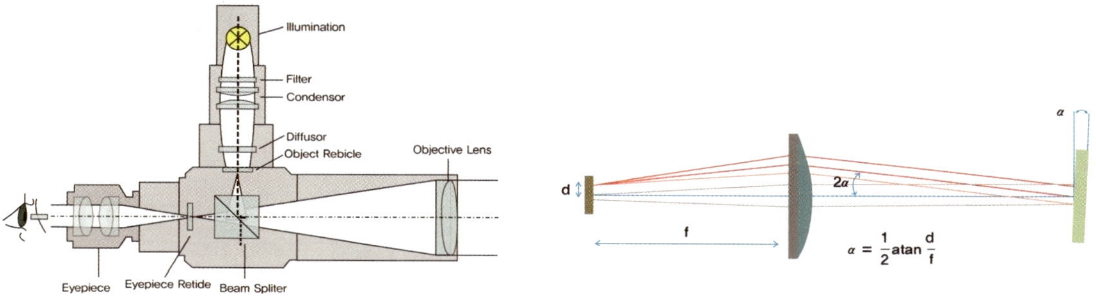

그림 17-2 오토콜리미터 측정원리

돌발! 퀴즈~

1. f=500 mm일 때 2' 의 각도변화에 따른 상의 이동량 d을 구하시오.

정답

$1' = 2.9089 \times 10^{-4}$

$d = 2f\,\delta\theta = 2 \times 500 \times 2.909 \times 10^{-4} = 0.58\,mm$

17.3 오토콜리미터 측정

1. 측정기 구성

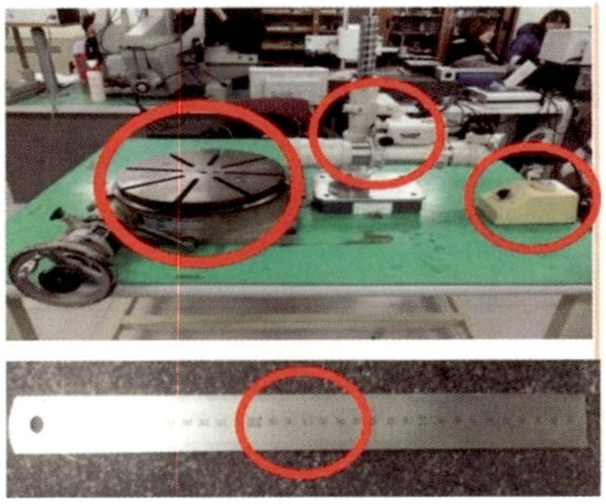

- 회전 테이블(350 mm/m 360눈금)
- 앵글 데커
- 변압조정 장치
- 강철자

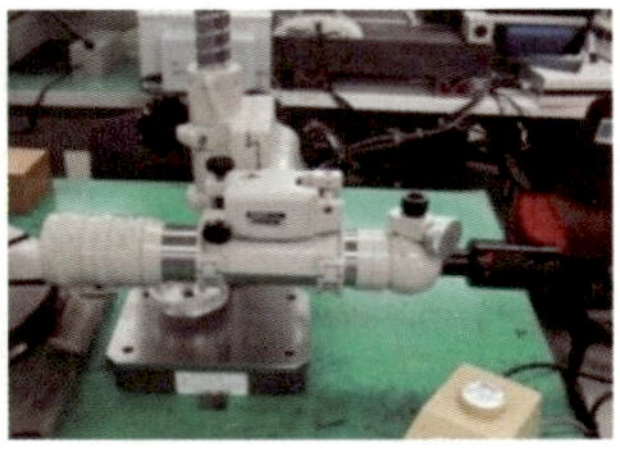

측정기명 : Autocollimator/ 규격: 0.5초 , 모델명 : Nikon, 제조국 : JAPAN

2. 측정시편 및 계산식

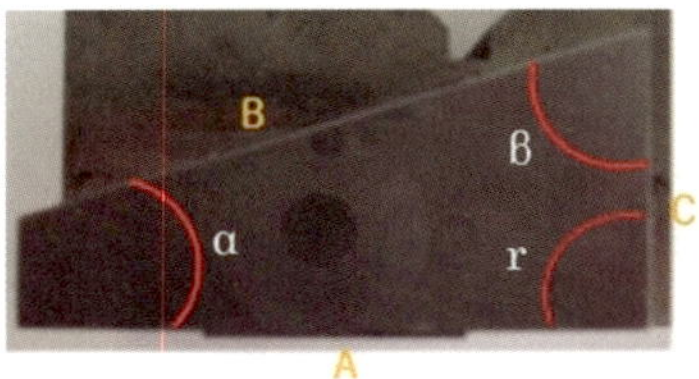

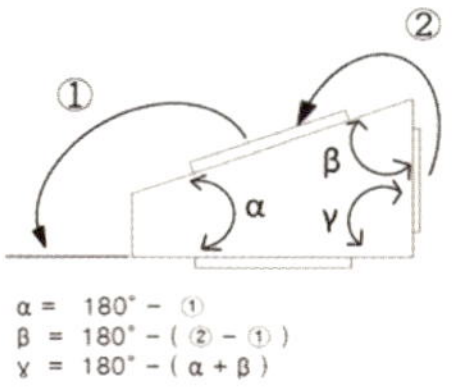

- 회전각(A→B)=180-α
  α=180-회전각(A→B)
- β=180-{(B→C)-(A→B)}
  =180-(B→C)+(A→B)
- r=α+β+r =180
  r=180-(α +β)

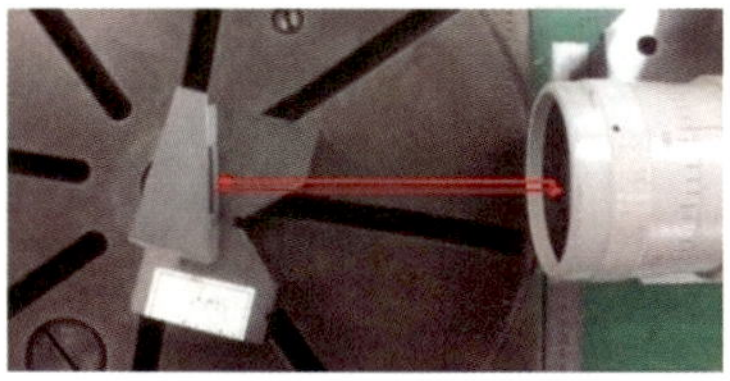

3. 측정방법 및 순서

1) 버튼을 회전시켜 오토콜리메이터의 조명램프를 켠다.
2) 강철자로 시편 중심높이와 오토콜리메이터의 대물렌즈 중심높이를 일정하게 설정한다.
3) 정밀회전테이블을 0° 0′ 0"로 맞춘다.
4) 0° 0′ 0"로 맞추었으면 반사경으로 오른쪽 사진과 같이 십자선이 보이는지 확인한다.
5) 시편을 정밀회전테이블 중앙에 두고 사진과 같이 십자선이 보이면 기준 눈금을 읽는다.
6) 반사상의 y축이 앞에서 설정한 x축선 상의 눈금에 일치시킨다.
7) 정밀회전테이블의 핸들을 돌려 A면에서 B면의 각도를 측정한다.
8) 같은 방법으로 B에서 C의 각도를 측정한다.
9) 핸들을 돌려 C에서 다시 A면으로 회전시켜 각도를 측정한다.

그림 17-3 오토콜리미터를 이용한 각도 측정

17.4 측정실습(Ⅰ)

과제명	오토콜리미터를 이용한 각도 측정	시간: 1 HR

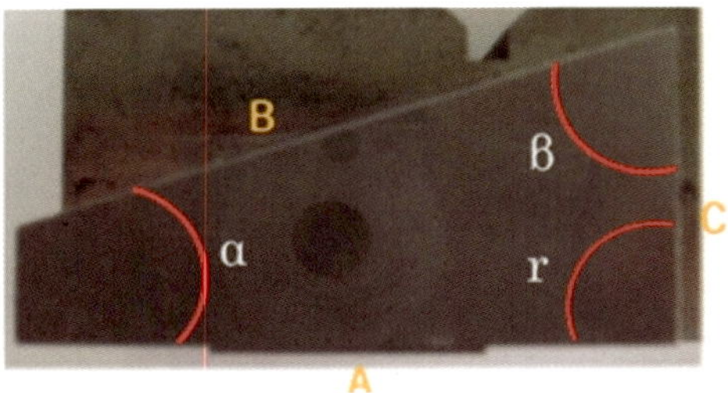

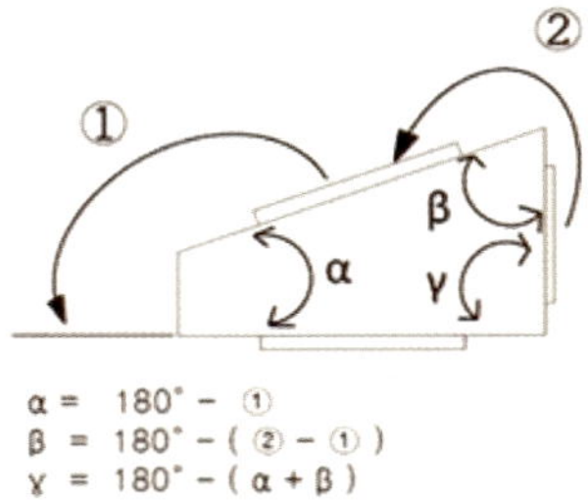

	항목	측정값					계산값			
		1회	2회	3회	4회	5회	평균	중위수	최빈값	표준편차
측정평가(70점)	α									
	β									
	γ									

평가	작업평가(30점)				시간평가			
	측정방법 및 사용법	만점	양호	보통	소요시간(1 HR)			
	사용수칙 준수	10	8	6	측정 평가	작업 평가	시간 평가	합계
	정리정돈	10	8	6				

* 허용공차는 ±30′ 이며 5회 반복 측정 후 값들을 계산한다. γ 측정 시 백래시 오차발생에 주의할 것.

17.5 측정실습(II)

<table>
<tr><th>과제명</th><th colspan="9">오토콜리미터를 이용한 각도 측정</th><th colspan="2">시간: 1 HR</th></tr>
<tr><td colspan="12"></td></tr>
<tr><td rowspan="8">측정평가
(70점)</td><td rowspan="2">항목</td><td colspan="5">측정값</td><td colspan="4">계산값</td></tr>
<tr><td>1회</td><td>2회</td><td>3회</td><td>4회</td><td>5회</td><td>평균</td><td>중위수</td><td>최빈값</td><td>표준
편차</td></tr>
<tr><td></td><td></td><td></td><td></td><td></td><td></td><td></td><td></td><td></td><td></td></tr>
<tr><td></td><td></td><td></td><td></td><td></td><td></td><td></td><td></td><td></td><td></td></tr>
<tr><td></td><td></td><td></td><td></td><td></td><td></td><td></td><td></td><td></td><td></td></tr>
<tr><td></td><td></td><td></td><td></td><td></td><td></td><td></td><td></td><td></td><td></td></tr>
<tr><td></td><td></td><td></td><td></td><td></td><td></td><td></td><td></td><td></td><td></td></tr>
<tr><td></td><td></td><td></td><td></td><td></td><td></td><td></td><td></td><td></td><td></td></tr>
<tr><td rowspan="4">평가</td><td colspan="6">작업평가(30점)</td><td colspan="4">시간평가</td></tr>
<tr><td colspan="3">측정방법 및 사용법</td><td>만점</td><td>양호</td><td>보통</td><td colspan="4">소요시간(1 HR)</td></tr>
<tr><td colspan="3">사용수칙 준수</td><td>10</td><td>8</td><td>6</td><td>측정
평가</td><td>작업
평가</td><td>시간
평가</td><td>합계</td></tr>
<tr><td colspan="3">정리정돈</td><td>10</td><td>8</td><td>6</td><td></td><td></td><td></td><td></td></tr>
</table>

* 허용공차는 ±30' 이며 5회 반복 측정 후 값들을 계산한다. γ 측정 시 백래시 오차발생에 주의할 것.

17.6 측정 시 주의사항

17.7 결과 및 고찰

스케줄표

마무리 학습 점검표

순	점검내용	평가표					비고
		5	4	3	2	1	
1	각도시편을 회전테이블에 정확하게 영점을 셋팅할 수 있다						
2	회전테이블을 회전시키면서 α, β, γ 부의 반사상을 조정할 수 있다						
3	α, β, γ 부에 대한 계산식을 이해할 수 있다						
4	계산식을 통해 α, β, γ 부정확하게 계산할 수 있다						
5	30분 내 답안지를 제출할 수 있다						

18 수준기를 이용한 정반 진직도 측정

과제명	수준기를 이용한 정반 진직도 측정실습
목 표	1. 수준기의 구조 및 측정 원리를 알 수 있다. 2. 수준기를 이용하여 정반 및 공작기계의 진직도를 측정할 수 있다. 3. 측정 후 데이터를 이용하여 진직도를 계산할 수 있다.

사용측정기기	소요재료	안전 및 유의사항
1. 수준기 2. 강철자 3. 마그네틱 4. 스패너	방청유 클리너 알코올	1. 측정기에 절대 충격을 가하지 않는다. 2. 측정 시 수준기의 기포관이 완전히 정지한 후 눈금을 읽는다. 3. 진동이나 흔들림이 없는 곳에서 측정을 실시한다.

18.1 수준기를 이용한 각도 측정

수준기는 기포관의 곡률반경을 이용하여 수평 또는 수직을 정하는데 사용되며, 그 외에 수평 또는 수직으로부터 미소한 경사를 측정하는데 사용된다.

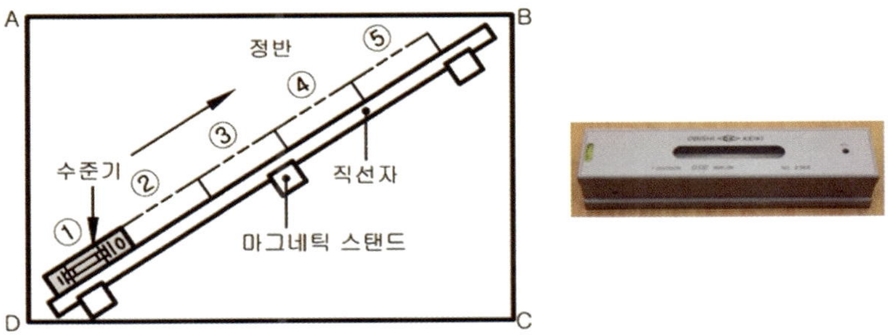

그림 18-1 수준기를 이용한 정반 진직도 측정

18.2 수준기 측정원리

수준기는 주로 측정하고자 하는 시험편을 설치 또는 고정시켰을 때의 위치 결정이나 미소한 경사 변화의 측정에 주로 이용되며, 그 중에서도 가장 일반적인 것이 기포관식 수준기이다. 이것은 일정한 곡률을 가진 원형유리관 내에 소량의 기포를 잔류시켜 알코올이나 에테르 등의 액체를 주입해서, 유리관 볼록면을 위쪽으로 향하게 했을 때 액체보다 가벼운 기포가 볼록면의 가장 높은 곳에 위치하는 성질을 이용하고 있다.

기포관식 수준기의 원리는 그림과 같이 기포관의 곡률반경을 R이라 할 때

$$\theta = \frac{L}{R}(\theta : radian)$$

또한 수준기의 기포관의 1눈금(2mm)을 편위 시키는데 필요한 경사각 ρ는 다음과 같다

$$\frac{2\pi R}{a} = \frac{360 \times 60 \times 60}{\rho} \quad \rho = 206,264.8 \times \frac{a}{R}$$

Tip 206,264.8은 (57795×60×60)로 계산되어진다.

1. 수준기의 감도

수준기의 감도는 기포관을 한 눈금 편위 시키는데 필요한 경사각으로서 1 m의 밑변에 대한 높이(mm)로서 일반적으로 각도로 표시 한다. 기포관식 수준기는 감도에 따라 3종류(0.02 mm/m, 0.05 mm/m, 0.1 mm/m)로 구분된다.

수준기 종류	감도	계산식
1종	$0.02\ mm/m\ (4'')$	$\rho = 206,264.8 \times \frac{0.02}{1000} = 4''$
2종	$0.05\ mm/m\ (10'')$	$\rho = 206,264.8 \times \frac{0.05}{1000} = 10''$
3종	$0.05\ mm/m\ (10'')$	$\rho = 206,264.8 \times \frac{0.10}{1000} = 20''$

2. 정밀수준기 0점 조정

평면도가 우수한 조절다리가 달린 정반을 준비하고 그 위에 수준기를 올려 기포의 위치를 읽을 수 있도록 정반을 조절한다. 그림과 같이 기포가 안정된 후에 왼쪽이나 오른쪽의 눈금에서 기포의 위치를 읽는다. 다음에 같은 위치에서 수준기를 좌우 회전시켜 먼저 읽은 값과 일치하면 수준기는 정확하게 수평을 이룬 것이다.

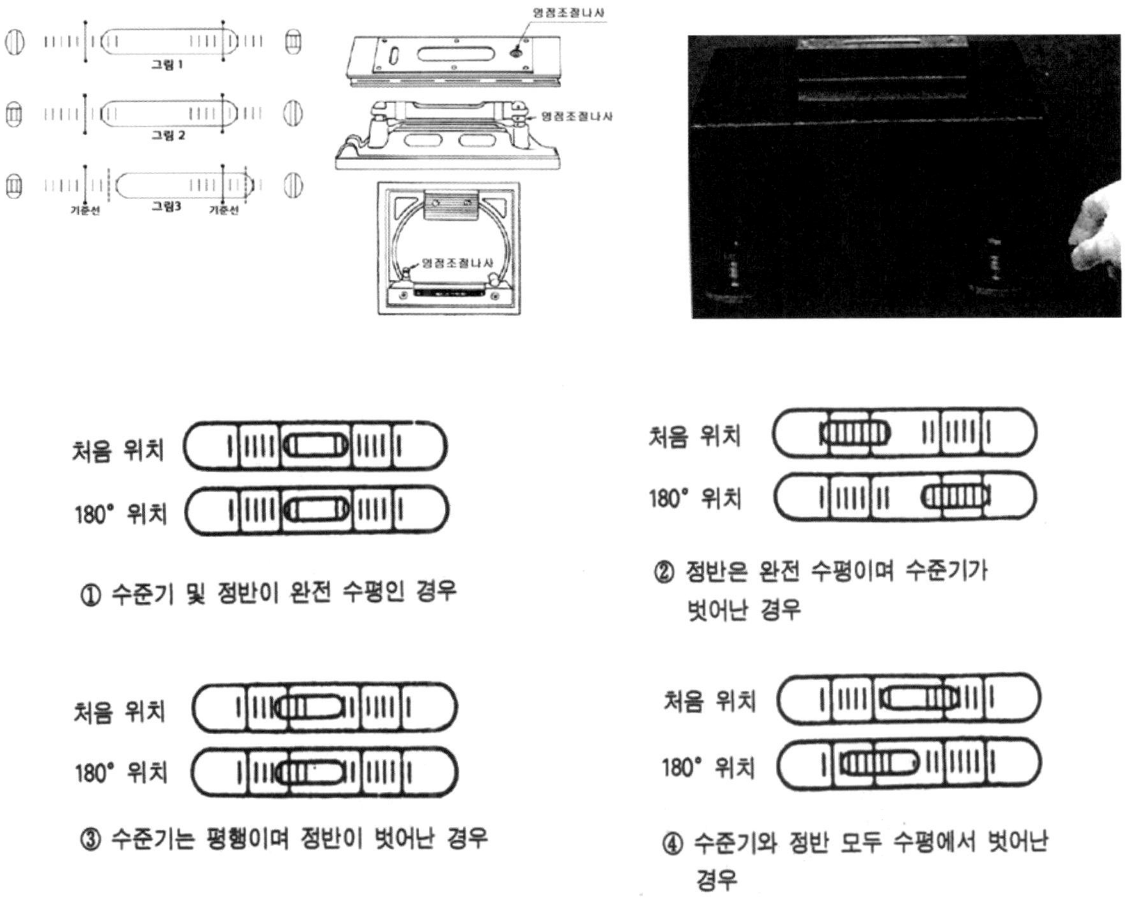

그림 18-2 수준기 0점 조정

3. 수준기 눈금 읽는 방법

수준기 눈금 읽는 방법은 그림 18-4와 같이 양단(좌, 우)의 읽음 값을 더하여 그 평균값을 기록한다. 그러므로 읽음값 $= \dfrac{a_1 + a_2}{2}$ 로 계산된다.

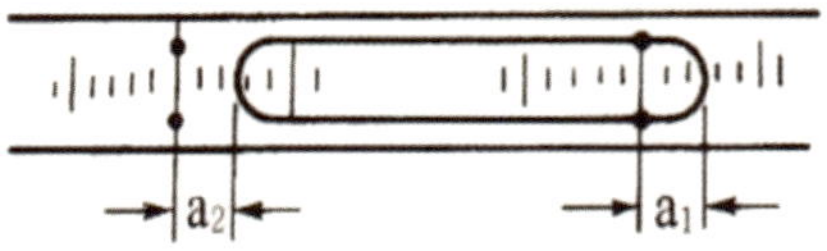

그림 18-3 수준기 눈금 읽는 방법

4. 수준기의 종류

수준기는 기포관의 곡률반경을 이용하여 수평 또는 수직을 정하는데 사용되며, 그 외에 수평 또는 수직으로부터 미소한 경사를 측정하는데 사용된다. 정밀측정에 널리 사용되는 수준기는 다음과 같다.

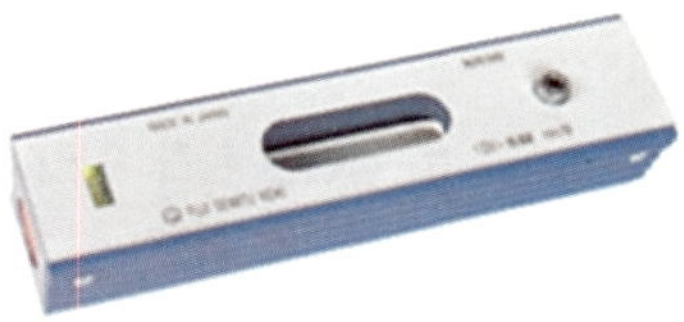

(a) 기포관식 평행수준기

(b) 기포관식 사각수준기

(c) 전기식 수준기

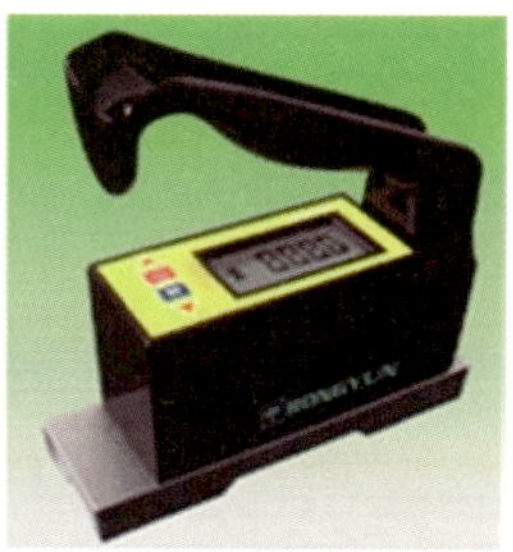

(d) 디지털 수준기

그림 18-4 수준기의 종류

18.3 수준기 이용한 정반 진직도 측정

그림 18-5와 같이 수준기를 이용하여 정반의 진직도를 측정한다.

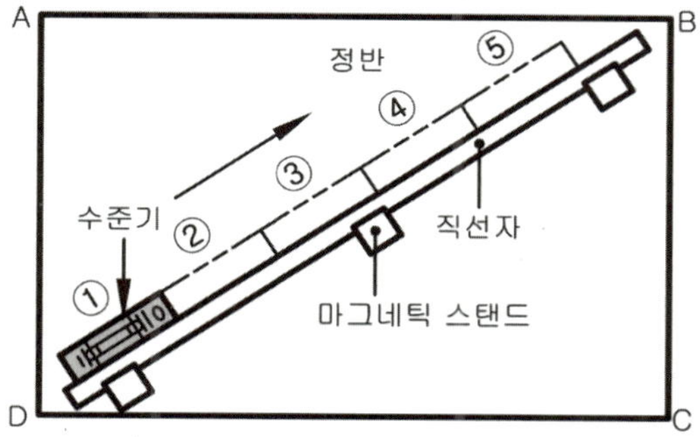

그림 18-5 수준기를 이용한 정반 진직도 측정원리

1. 준비한다

1) 피측정물 및 수준기, 직선자 등을 깨끗이 닦는다.
2) 수준기를 이용하여 정반의 그림 18-2와 같이 수평조정을 실시한다.
3) 수평 조정이 끝나면 마그네틱을 이용하여 움직이지 않도록 강철자를 정반 상면에 고정시킨다.

2. 측정한다

1) 그림 18-5와 같이 측정 시작점에 수준기를 직선자의 안내면에 정확하게 밀착시킨 후 그림 18-3의 원리로 눈금을 읽는다.
2) 0~200, 200~400 등 200 mm 간격으로 구간을 계속 측정한 다음 표에 기록한다.

3. 측정값 정리

1) 좌, 우 읽음값이 정리되었으면 아래와 같이 표를 작성 한 후 정반의 진직도를 계산한다.
   1종 수준기를 이용하여 정반의 진직도를 측정하여 표와 같은 결과를 얻었다.

표 18-1 수준기를 이용한 정반의 진직도 측정

측정점	측정위치	읽음값(눈금)		1(좌+우)	누적치	보정치	누적치-보정치	기준선에 대한 높이차 (㎛)
		좌	우					
0	–	–	–	0	0	0	0	0
1	0~200	+2.0	+1.3	+1.65	+1.65	+1.50	+0.15	+0.60
2	200~400	+2.5	+1.8	+2.15	+3.80	+3.00	+0.80	+3.20
3	400~600	+0.4	−0.3	+0.05	+3.85	+4.50	−0.65	−2.60
4	600~800	+2.1	+1.5	+1.80	+5.65	+6.00	−0.35	−1.40
5	800~1000	+2.2	+1.5	+1.85	+7.50	+7.50	0	0

① 정반 위에 수준기를 이용하여 좌/우 읽음값을 기록한다.
② 각항에 (좌/우)/2 계산값을 기록한다.
③ 누적치를 계산한다.(예: +1.65+2.15=+3.80, +3.80+0.05=+4.50 ...)
④ 보정치를 계산한다.(누적치의 마지막 치수인 +7.50을 5구간 나누어 각각 더해준다)
→ 7.5/5=+1.50, 1.50×2=3.00, 1.50×3=4.50, 1.50×4=6.00, 1.50×5=7.50 임)
⑤ 누적치값에서 보정치 값을 빼준다.(예: +1.65−+1.50=0.15)
⑥ 누적-보정치 값에 4 ㎛를 곱해준다.(예; +0.15×4=+0.60 ㎛)
⑦ 기준선에 대한 높이차 칸에서 제일 높은값과 제일 낮은값의 차이를 읽어 진직도로 계산한다.
(예: 3.20+(−2.60)=5.8 ㎛

Tip 수준기에 의한 진직도 측정 계산 원리

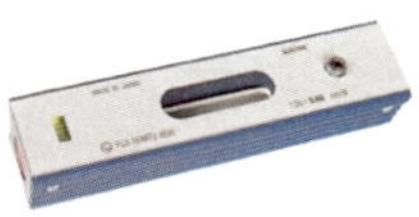

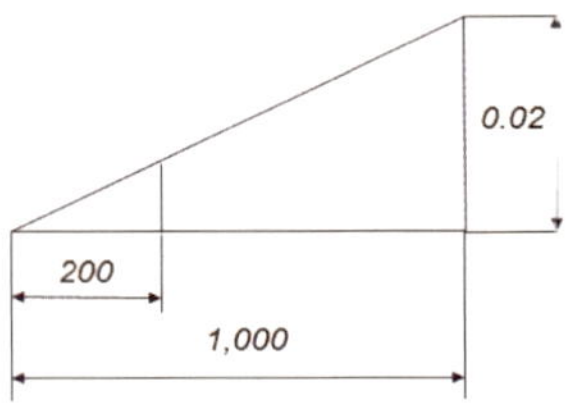

1,000: 0.02: 200: x = 1,000x = 0.02X200

x=(0.02x200)/1,000 = 0.004 mm = 4 ㎛

돌발! 퀴즈~

- KS 1종 기포관식 수준기(0.02 mm/m)를 이용하여 정반의 진직도를 측정하기 위하여 다음 표와 같은 측정데이터를 얻었다. 다음 표를 완성하고 양단기준법에 의한 진직도를 구하시오.

측정점	측정위치	읽음값(눈금)		1(좌+우)	누적치	보정치	누적치−보정치	기준선에 대한 높이차 (μm)
		좌	우					
0	−	−	−					
1	0~200	−1.8	+1.0					
2	200~400	−2.5	+0.9					
3	400~600	−0.2	+2.0					
4	600~800	+2.8	−0.6					
5	800~1000	−1.0	+04					

정답

측정점	측정위치	읽음값(눈금)		1(좌+우)	누적치	보정치	누적치−보정치	기준선에 대한 높이차 (μm)
		좌	우					
0	−	−	−	0	0	0	0	0
1	0~200	−1.8	+1.0	−0.4	−0.4	+0.1	−0.5	−2.0
2	200~400	−2.5	+0.9	−0.8	−1.2	+0.2	−1.4	−5.6
3	400~600	−0.2	+2.0	+0.9	−0.3	+0.3	−0.6	−2.4
4	600~800	+2.8	−0.6	+1.1	+0.8	+0.4	+0.4	+1.6
5	800~1000	−1.0	+04	−0.3	+0.5	+0.5	0	0

진직도= 최대값−최소값= +1.6−(−5.6)= 7.2 μm

18.4 측정실습(Ⅰ)

측정점	측정위치	읽음값(눈금)		1(좌+우)	누적치	보정치	누적치-보정치	기준선에 대한 높이차 (㎛)
		좌	우					
0	–							
1	0~200							
2	200~400							
3	400~600							
4	600~800							
5	800~1000							

진직도 계산:

측정점	측정위치	읽음값(눈금)		1(좌+우)	누적치	보정치	누적치-보정치	기준선에 대한 높이차 (㎛)
		좌	우					
0	–							
1	0~200							
2	200~400							
3	400~600							
4	600~800							
5	800~1000							

진직도 계산:

18.5 측정 시 주의사항

18.6 결과 및 고찰

스케줄표

마무리 학습 점검표

순	점검내용	평가표					비고
		5	4	3	2	1	
1	수준기 0점 조정을 정확하게 셋팅할 수 있다						
2	수준기의 측정원리를 정확하게 이해하고 있다						
3	측정 시 적용되는 계산식을 이해할 수 있다						
4	계산식을 통해 수준기의 높이 및 경사각도 등의 계산을 정확하게 계산할 수 있다						
5	30분 내 답안지를 제출할 수 있다						

PART 02

정밀측정 산업기사 문제분석 | 필답형(4문제) |

2.1 통계처리

1. 공정능력지수의 계산

- 공정능력이란 "공정의 표준화가 충족되고, 공정이 안정상태로 유지되었을 때에, 어느 정도의 품질을 실현하는가"를 표시하는 것.
- 공정능력의 수준을 수량화하여 공정능력 유무 판단

  ☞ 공정능력지수(C_p)

  ☞ 치우침을 평가한 공정능력지수(C_{pk})

1) 양쪽규격의 경우

$$Cp = \frac{S_u - S_L}{6s} = \frac{(\text{규격상한}) - (\text{규격하한})}{6 \times \text{표준편차}}$$

- 품질특성의 평균치($\bar{x}$)가 자유롭게 조절되지 않는 경우 : 치우침을 평가한 공정능력지수(C_{pk})를 확인하여 C_p와 병용한다.

$$\begin{aligned} C_{pk} &= 1 - (\text{치우침도}) \times \frac{(\text{규격상한}) - (\text{규격하한})}{6 \times (\text{표준편차})} \\ &= (1-k)\frac{S_U - S_L}{6s} \end{aligned}$$

- 치우침도 k는

$$\begin{aligned} k &= \frac{\left| \frac{(\text{규격상한}) + (\text{규격하한})}{2} - (\text{평균치}) \right|}{\frac{(\text{규격상한}) - (\text{규격하한})}{2}} \\ &= \frac{\left| \frac{(S_U + S_L)}{2} - \bar{x} \right|}{\frac{(S_U - S_L)}{2}} \end{aligned}$$

2) 한쪽규격의 경우

① 규격상한 (S_U)의 경우

$$C_P = \frac{(\text{규격상한}) - (\text{평균치})}{3 \times (\text{표준편차})}$$

$$= \frac{S_U - \overline{x}}{3\ S}$$

② 규격하한 (S_L)의 경우

$$C_P = \frac{(\text{평균치}) - (\text{규격하한})}{3 \times (\text{표준편차})}$$

$$= \frac{\overline{x} - S_L}{3_S}$$

2.2 공정능력 조사의 실례

- 규격상한 SU = 11.3
- 규격하한 SL = 7.7

1. 공정능력지수(C_p)

$$C_p = \frac{SU - SL}{6s} = \frac{11.3 - 7.7}{6 \times 0.878} = 0.683 \text{ 이 된다.}$$

☞ 따라서 C_p=0.683은 1.00〉 $C_p \geq 0.67$ 범위에 있으므로 "공정능력이 부족하다"는 결과를 얻게 된다.

2. 치우침을 평가한 공정능력지수 C_{pk}

$$k(\text{치우침도}) = \frac{\left| \frac{(S_U + S_L)}{2} - \bar{x} \right|}{\frac{(S_U - S_L)}{2}}$$

$$= \frac{\left| \frac{(11.3 + 7.7)}{2} - 9.78 \right|}{\frac{(11.3 - 7.7)}{2}} = \frac{|(9.5 - 9.87)|}{1.8} = 0.206$$

$$C_{pk} = (1 - k)\frac{S_U - S_L}{6s} = (1 - 0.206)\frac{11.3 - 7.7}{6 \times 0.878}$$

$$= 0.794 \times 0.683 = 0.542 \text{ 로 된다.}$$

그리고 C_{pk}=0.542는 0.67〉 C_p 범위에 포함되므로 “공정능력이 대단히 부족하다”고 할 수 있다. 그러므로 평균치를 규격의 중심에 가져가는 동시에 표준편차를 적게 할 수 있는 대책이 요구된다.

3. A공정에서 100개의 측정값을 취하여 표준편차를 계산하였더니 8.25가 되었다. 규격상한이 90이고 하한이 30인 경우 이 공정의 공정능력(C_p)를 구하시오.

풀이

$$Cp = \frac{T}{6\sigma} = \frac{90 - 30}{6 \times 8.25} = 1.212$$

4. B공정에서 생산되는 제품의 규격이 6.0±0.1 이라고 하면 공정능력지수(C_p)를 계산하시오.

풀이

$$Cp = \frac{T}{6\sigma} = \frac{6.1-5.9}{6\times0.05} = 0.67$$

만약 공정평균이 5.95로 규격의 평균에 미치지 못한다면 치우침을 평가한 공정능력지수(C_{pk})를 구하시오.

풀이

$$k = \frac{\left(\frac{(USL+LSL)}{2} - \mu\right)}{\frac{(USL-LSL)}{2}} = \frac{\left(\frac{(6.1+5.9)}{2} - 5.95\right)}{\frac{(6.1-5.9)}{2}} = \frac{(6-5.95)}{0.1} = 0.5$$

$$Cpk = (1-k)\,Cp = (1-0.5)\times0.67 = 0.335$$

5. 지름이 Ø20± 0.5로 지시된 축을 가공하는 공정에서 100개를 측정하여 평균과 표준편차를 계산한 결과 평균값은 20.18, 표준편차는 0.104라면 이 고정의 공정능력지수(C_p)를 계산하시오.(소수점 셋째자리까지 표기)

풀이

$$Cp = \frac{T}{6\sigma} = \frac{20.5-19.5}{6\times0.104} = 1.603$$

스케줄표

마무리 학습 점검표

순	점검내용	평가표					비고
		5	4	3	2	1	
1	내용은 충분히 이해하고 있다						
2	공정능력(C_p)을 계산할 수 있다						
3	30분 내 답안지를 제출할 수 있다						

- 총점

- 문제 발생 시 향후계획

2.3 측정불확도(5개 항목)

- 표준불확도(U1)
- 표준불확도(U2)
- 분해능
- 합성불확도(uc)
- 확정불확도

1. 불확도라는 것은?

어떤 부품을 측정하는 경우, 자신 또는 타인이 측정한 측정 데이터의 확실성(또는 불확도)이 어느 정도 있는가를 알 필요가 있다. 종래에는 오차라는 단어를 사용하였다.

1) 오차의 정의

오차 = 측정값–참값이다.

그러나 참값을 알기 위해서 측정을 하는 것이기 때문에, 알 수 없는 참값으로부터 오차를 구하는 것은 불가능하다. 그래서 오차가 아니라, 측정결과의 의심스러운 부분을 수치로 나타내는 것이 제안되었다. 측정결과의 의심스러움을 표현하는 용어가 「불확도(uncertainty)」이다.

2) 불확도(Uncertainty)

▸ 측정량을 합리적으로 추정할 수 있는 값들의 분산을 특성화한 파라미터 (ISO/IEC 17025)

▸ **실제 측정값이 존재하는 범위를 나타내는 추정치**

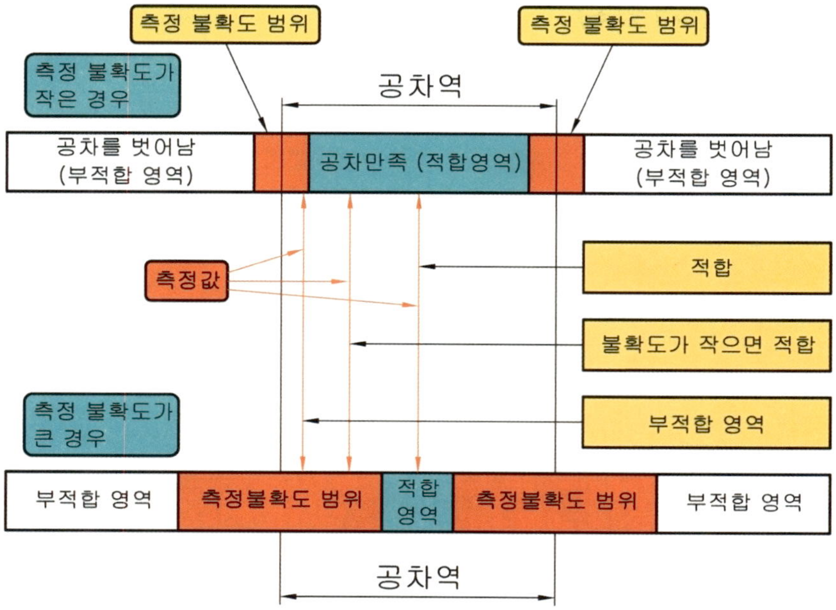
측정 불확도 범위
측정 불확도 범위
측정 불확도가 작은 경우
공차역
공차를 벗어남 (부적합 영역)
공차만족 (적합영역)
공차를 벗어남 (부적합 영역)
측정값
적합
불확도가 작으면 적합
부적합 영역
측정 불확도가 큰 경우
부적합 영역
측정불확도 범위
적합 영역
측정불확도 범위
부적합 영역
공차역

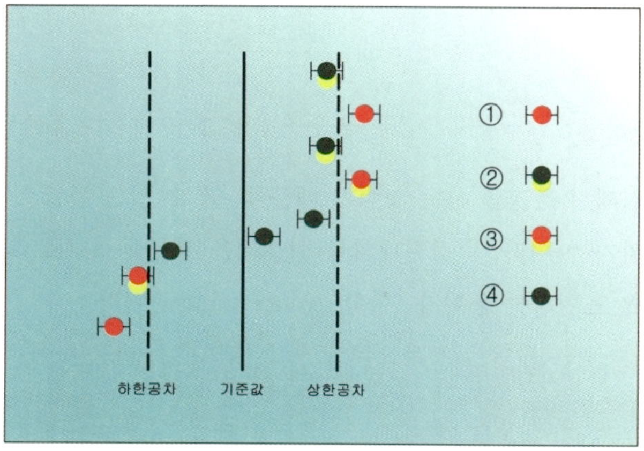
①
②
③
④
하한공차
기준값
상한공차

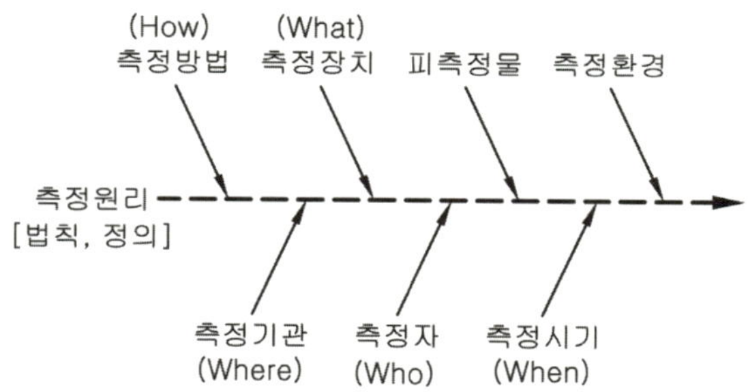
(How) 측정방법
(What) 측정장치
피측정물
측정환경
측정원리 [법칙, 정의]
측정기관 (Where)
측정자 (Who)
측정시기 (When)

2. 측정불확도

「**어느 기계부품의 길이가 신뢰수준 95%에서 50±0.2 mm이다**」인 경우, 이 측정결과는 다음과 같이 쓸 수 있다.

50 mm±0.2 mm (**신뢰수준** 95 %)

이것은 우리 부품의 길이가 49.8 mm에서 50.2 mm 사이에 있다는 것에 대해 95% 자신을 가질 수 있다는 것을 의미한다.」

산포의 원인은 보통 여러 가지(측정력, 마찰, 트리프트 등) 이기 때문에 개개의 측정 불확도를 구해서 그것을 합성하고, 또한 그것을 2배해서 구한다.

개개의 불확도를 표준불확도, 표준불확도를 합성한 것을 합성 표준불확도라 부른다.

신뢰수준 95%라는 것은 표준편차의 2배 안에 들어가는 확률이며, 「50 mm±0.2 mm」**의** ±0.2 mm**는 표준편차**(±0.1 mm)**의 2배의 값이다.**

그러면 ±1 cm는 어떻게 구했을까? 산포의 요인은 보통 하나가 아니(측정력, 마찰, 트리프트 등을 생각할 수 있다)기 때문에, 개개의 불확도(표준편차 그 자체는 아니지만 그것에 상당한다)를 구해서 그것을 합성하고, 또한 그것을 2배해서 구한 것이다. **개개의 불확도를 표준불확도라고 부르며, 표준불확도를 합성한 것을 합성표준불확도(uc)라고 부른다.** a, b, c……를 표준불확도라고 하면, 합성표준불확도(uc)는 다음 식이 된다.

$$합성표준불확도\ \ uc = \sqrt{a^2 + b^2 + c^2 \cdots\cdots}$$

합성표준불확도는 「1차 **표준편차**」와 같다고 볼 수 있기 때문에, 앞의 **신뢰수준을** 95%**로 하기 위해서는 합성표준불확도** uc를 2배로, 신뢰수준 99.7%로 하기 위해서는 3배로 할 필요가 있다. 이 2배, 3배의 계수를 포함계수 k라고 부르며, **계수를 곱한 합성표준불확도** $U = k \times uc$**를 확장측정불확도라고 부른다.** 측정결과를 불확도와 함께 표현하기 위해서는

평균값「단위」±「확장불확도」「단위」로 한다.

3. 불확도의 계산

불확도를 추정하는 2개의 방법에 대해서 아래와 같이 쓰여져 있다.

1) 타입 A 평가법

통계를 이용한 불확도의 추정(통상 반복 읽음값에서 얻는다.)

2) 타입 B 평가법

그 밖의 모든 정보를 이용한 불확도의 추정. 이러한 정보에는 측정에 관한 과거의 경험을 시작으로 해서 교정증명서, 제조자의 사양서, 계산, 공표된 정보 및 상식에서부터 얻을 수 있는 것이다.

순	분포	계산식	비고
1	정규분포	$u(x_1) = \frac{U}{k}$	
2	직사각형	$u(x_1) = \frac{a}{\sqrt{3}}$	
3	U형	$u(x_1) = \frac{a}{\sqrt{2}}$	
4	삼각형	$u(x_1) = \frac{a}{\sqrt{6}}$	

【문제 1】

- 버니어캘리퍼스 교정 시 다음 표와 같이 각 항목별로 1)교정용 표준기의 불확도, 2)측정기 읽음값의 불확도, 3)기하학적효과에 의한 표준불확도를 산정하였다. 이 불확도 데이터를 이용한 합성표준불확도(u_c)와 확장불확도(U) 계산하시오.

NO.	분포		불확도	비고
1	교정용 표준기의 불확도, u(X)		0.3 ㎛	
2	측정기 읽음값의 불확도u(Y)	우연효과에 의한 불확도, $u(Y_1)$	6.2 ㎛	
		기기의 분해능에 의한 불확도, $u(Y_2)$		
3	합성표준불확도(u_c)		㎛	
4	확장불확도(U)		㎛	포함인자 k=2

정답

- 합성표준불확도(u_c)

$$u_c = \sqrt{6.2^2 + 0.3^2} = 1.09 \ \mu m$$

- 확장불확도(U)

$$U = k.u_c = 2 \times 1.09 = 2.1 \ \mu m$$

【문제 2】

외측마이크로미터 교정시 다음 표와 같이 각 항목별로 ①교정용 표준기의 불확도, ②측정기 읽음값의 불확도, ③기하학적효과에 의한 표준불확도를 산정하였다. 이 불확도 데이터를 이용하여 합성표준불확도(u_c)와 확장불확도(U)를 계산하시오.

NO.	분포	불확도	비고
1	교정용 표준기의 불확도	0.04 ㎛	
2	측정기 읽음값의 불확도	0.44 ㎛	
3	기하학적효과에 의한 표준불확도	0.26 ㎛	
4	합성표준불확도(u_c)	㎛	
5	확장불확도(U)	㎛	포함인자 k=2

정답

- 합성표준불확도(u_c)

$$u_c = \sqrt{0.04^2 + 0.44^2 + 0.26^2} = 0.51$$

- 확장불확도(U)

$$U = k.u_c = 2 \times 0.51 = 1.02$$

【문제 3】

명목값이 25 ㎜ 인 게이지블록을 기준기로 사용하여 디지털식마이크로미터(0~25 ㎜, 분해능 0.01 ㎜)를 교정하고자 한다. 3회 반복 측정하여 평균에 대한 표준편차(a)는 0.66㎛이고, 분해능에 의한 표준불확도 u(y2)는 3.21 ㎛ 일 때 다음을 구하시오.

(단, 게이지블록 25 ㎜의 성적서에 확장불확도는 0.40 ㎛ (신뢰수준: 약 95%, *K* = 2), 확장불확도(U)는 유효자유도와 무관하게 신뢰수준 약 95%, *K* = 2를 사용한다.)

1) 게이지블록(기준기)에 의한 표준불확도 u(y1)를 구하시오.
2) 마이크로미터의 반복측정에 의한 표준불확도 u(y3)를 구하시오.
3) 합성표준불확도 (u_c)를 구하시오.
4) 확장불확도 (U)를 구하시오.

구분	불확도 요인	요인값	참고 사항	비고
1	기준기에 의한 영향(성적서)	0.40 ㎛	신뢰수준 약 95 %, *K* = 2	u(y1)
2	반복측정에 의한 표준편차	0.66 ㎛	3회 측정, t분포	u(y3)
3	분해능에 의한 영향	3.21 ㎛	디지털식, 10/(2)	u(y2)

정답

1. 게이지블록(기준기)의 표준불확도 u(y1) : 0.20 ㎛

$$u1 = \frac{u}{k} = \frac{0.4}{2} = 0.20\ mm$$ (신뢰수준 약 95 %, *k* = 2 로부터 사용)

2. 반복측정에 의한 표준불확도 u(y3) : 0.38 ㎛

$$u1 = \frac{s}{\sqrt{n}} = \frac{0.66}{\sqrt{3}} = 0.38\ ㎛$$

3. 합성표준불확도 (u_c) : 3.24 ㎛

$$Uc = \sqrt{u(y_1)^2 + u(y_2)^2 + u(y_3)^2} = \sqrt{u(0.2)^2 + u(0.38)^2 + u(3.21)^2} = 3.24\ ㎛$$

4. 확장불확도 (U) :

(uc)×2(*k*)=3.24×2=6.48 μm (신뢰수준 약 95 %, *k*=2)

순	항목	측정값	참고 사항	비고
1	기준기의 표준불확도 u(y1)	0.20 ㎛	신뢰수준 약 95 %, $K=2$	u(y1)
2	반복측정에 의한 표준불확도 u(y3)	0.38 ㎛	3회 측정, T분포	u(y3)
3	합성표준불확도 (u_c)	3.24 ㎛	디지털식, $10/(2\sqrt{3})$	u(y2)
4	확장불확도(U)	6.48 ㎛	신뢰수준 약 95 %, $K=2$	(U)

【문제 4】

측정범위 0–25 mm, 최소눈금 0.001 mm인 디지털 외측마이크로미터의 불확도를 구하시오.
(소수점 둘째자리까지 기록)

[표 2-1] 반복측정결과

순	기준값	디지털 외측마이크로미터의 지시값(mm)					표준편차
		1회	2회	3회	4회	5회	
1	10.000	10.001	10.002	10.000	10.001	10.003	0.0011
2	15.000	14.997	15.002	15.002	15.001	15.003	0.0023
3	20.000	20.001	19.998	20.000	20.002	20.003	0.0019
4	25.000	24.997	25.002	25.003	25.001	25.004	0.0027

1. 표 2-1과 같이 주어진 게이지 블록(10, 15, 20, 25)을 이용하여 5회 반복 측정한 디지털 외측 마이크로미터 지시값과 표준편차 결과를 이용하여 반복측정에 대한 표준불확도(u1)를 구하시오.(5회 측정, t분포)

정답

$u1 = \frac{s}{\sqrt{n}} = \frac{0.0027}{\sqrt{5}} = 0.001\,mm$ → 표준편차 중 가장 큰 값을 이용한다.

2. 기준기(게이지 블록)에 의한 표준 불확도(u2)를 구하시오. (정규분포)
(단, 게이지 블록의 성적서에서 확장불확도는 0.40 ㎛, 신뢰수준: 약 95%, k=2)

정답

$u2 = \frac{u}{k} = \frac{0.40}{2} = 0.20$ ㎛

3. 디지털 외측 마이크로미터 분해능(1 ㎛)에 의한 표준불확도(u3)를 구하시오.
(직사각형 분포 적용)

정답

$u3 = \frac{0.001}{\sqrt[2]{3}} = 0.000288\,mm = 0.29$ ㎛

4. 합성표준불확도(uc)를 구하시오.

정답

$Uc = \sqrt{u(y_1)^2 + u(y_2)^2 + u(y_3)^2} = \sqrt{u(1)^2 + u(0.20)^2 + u(0.29)^2} = 1.060$ ㎛

5. 확장불확도를 구하시오(신뢰수준 약 95%, k=2)

정답

$U = k \times Uc = 2 \times 1.06 = 2.12$ ㎛

스케줄표

마무리 학습 점검표

순	점검내용	평가표					비고
		5	4	3	2	1	
1	내용은 충분히 이해하고 있다						
2	불확도의 전 항목을 계산할 수 있다						
3	30분 내 답안지를 제출할 수 있다						
4	나는 충분히 연습을 했다						

- **총점**

- **문제 발생 시 향후계획**

2.4 삼차원측정

1. 좌표계 이해 및 설정

삼차원측정기의 움직임은 지도상에서 위치를 찾기 위하여 손가락을 움직이는 것과 똑같이 움직이게 되며 이 때의 3축은 기계의 좌표계를 형성 한다. 3차원 측정기에서는 손가락 대신 프로브가 이동하여 측정물의 한 점을 프로빙하게 된다. 측정물 상의 각 점들은 기계의 좌표계로부터 고유한 좌표값을 가지고 있다. 삼차원 측정기는 측정된 점들을 조합하여 하나의 측정 요소를 만들어 다른 측정 요소와 연관성을 확인할 수 있다.

2. 좌표계설정의 필요성

삼차원 측정 시 공간에서 공작물의 운동은 선형운동과 회전운동의 결합으로 이루어진다. 즉 3개의 축선에 대한 평행운동과 회전운동을 가지므로 공작물의 위치 결정을 위해서는 공간상의 운동을 정확하게 구속하여야 한다.

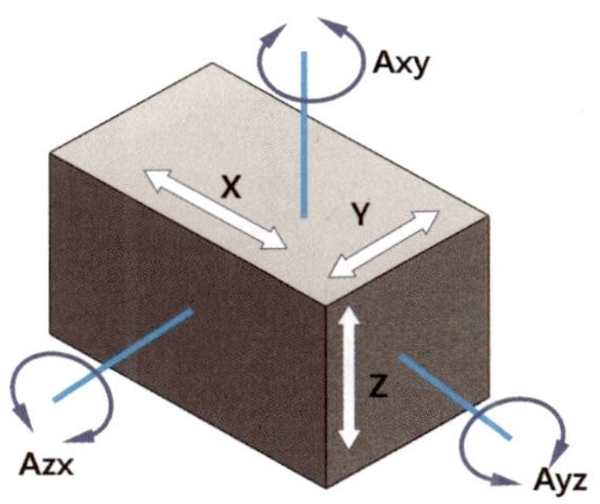

축 방향	선 운동	회전운동	비고
X축	±X	Ayz	
Y축	±Y	Azx	
Z축	±Z	Axy	

3. 기계좌표계(MCS: machine coordinate system)

삼차원 측정 시에는 기계좌표계 및 측정좌표계 등 두 가지 좌표계가 존재하고 있다. 그림 2-1의 X, Y, Z축이 측정기의 움직임을 나타내어 준다. 측정기를 정면에서 보았을 때, X축은 왼쪽에서 오른쪽으로 움직이며 Y축은 앞쪽에서 뒤쪽으로, Z축은 위 아래로 다른 두축에 직각 방향으로 움직인다. (삼차원측정기 자체가 보유한 좌표계로 모든 측정의 기준이 되며, 삼차원측정기 제작 시 결정되는 좌표계 임)

4. 측정좌표계(PCS: part coordinate system)

또 하나의 좌표계는 측정 좌표계로서 3개의 좌표축은 측정물의 측정요소나 데이텀을 기준하여 형성된다. 3차원 측정에 컴퓨터가 도입되기 전에는 측정물을 기계좌표계의 좌표축에 평행이 되도록 정확히 배치시켜 기계좌표계와 측정물 좌표계가 평행이 되어야만 하였다. 이 작업은 매우 까다롭고 시간이 소요되는 작업이었을 뿐만 아니라 측정물이 사각형이 아닌 원형이거나 자유 형상인 경우에는 측정 작업이 거의 불가능 하였다. 측정좌표계는 공작물에 맞춰 설정한 좌표계로 기계좌표계(MCS)의 축 회전과 원점이동에 의해 이루어진다.

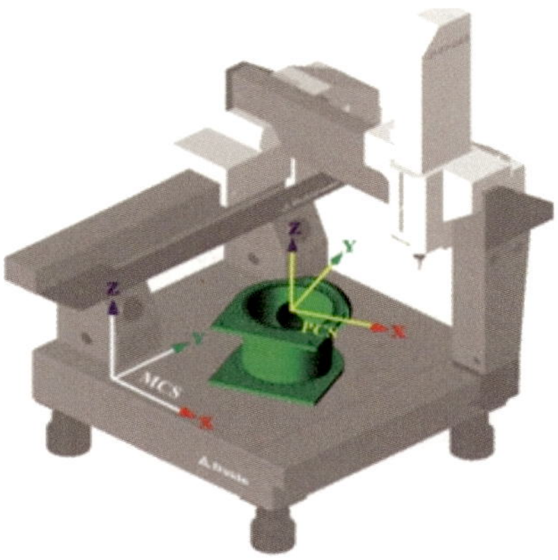

그림 2-1 삼차원측정기 좌표계 종류(기계좌표계 및 측정좌표계)

5. 좌표계 정렬(alignments)

삼차원 측정 소프트웨어는 도면상에 표시되어진 데이텀을 측정하여 측정좌표계를 형성하고 이를 기계좌표계와 수학적으로 연계시켜 준다. 이 두 개의 좌표계를 그림 2-2와 같이 서로 연계시키는 작업이 정렬이다. (면, 축 보정)

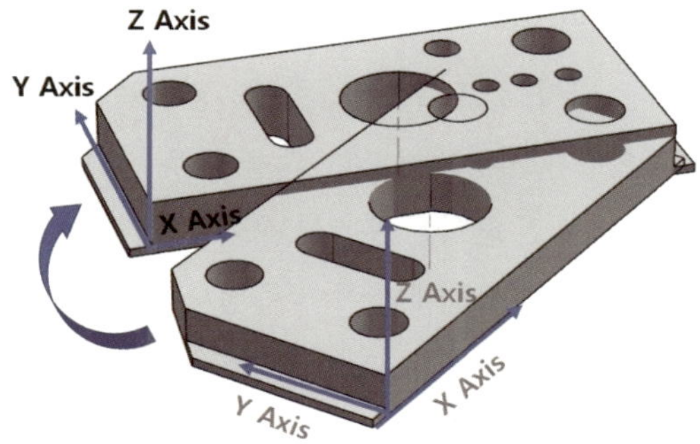

그림 2-2 삼차원측정기 좌표계 정렬

즉 좌표계 정렬은 아래 3단계로 구성되어진다.

1) 1차 데이텀 설정(공간회전)

2) 2차 데이텀 설정(평면회전, 축보정, 축의 rotation)

3) 3차 데이텀 설정(원점지정)

1) 1차 데이텀 설정(면 보정)

측정물의 평면을 측정하여 레벨을 잡는 것이 첫 번째 단계이며, 보통 도면에 어느 면이 기준 데이텀 면인지 지정되어 있다. 그러나 만약 도면에 데이텀이 지정되어 있지 않을 경우에는 가장 가공이 잘된 면을 가능한 많은 점을 측정하여 설정한다. 레벨의 역할은 공간축(보통 XY면일 경우 Z축임)의 방향을 결정한다. 그러나 위치는 결정하지 못한다.

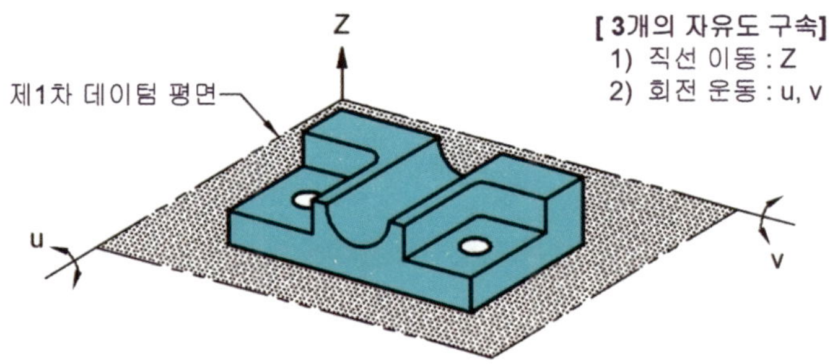

그림 2-3 측정물의 공간축 설정

2) 2차 데이텀 설정(축 보정)

두 번째 단계는 축의 회전이다. 만약 소프트웨어가 없을 경우 측정기 축과 측정물을 기구적으로 일치시켜야 한다. 또한 도면에 기준 요소가 지정되어 있지 않을 경우 가장 가공이 잘된 면이나 일직선상의 원과 원의 중심점의 두 요소를 이용하여 선을 만든 후 기계축과 동일하게 정렬한다. 삼차원 측정 시 피 측정물을 고정 할 때는 가능하면 기계축과 평행하게 놓아야 측정오차를 최소화 할 수 있다. 축 회전의 역할은 공간축(보통 Z축)을 중심으로 나머지 두축(보통 XY축)을 측정물의 기준에 맞게 회전시키는 것이다. 그러나 위치는 결정하지 못한다.

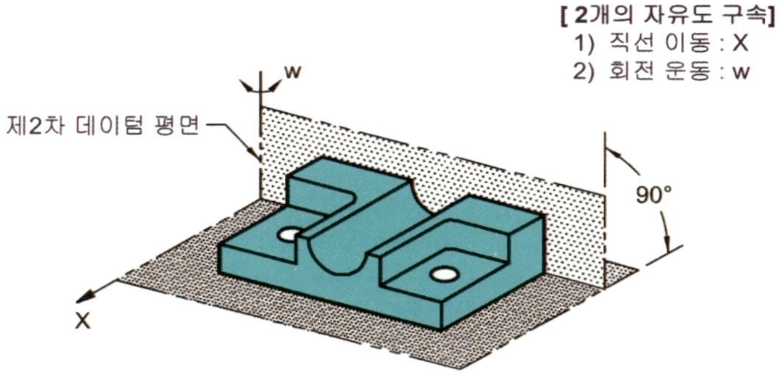

그림 2-4 측정물의 공간축 설정

3) 3차 데이텀 설정(원점지정)

삼차원 측정의 좌표계 설정의 마지막 단계는 원점 설정이다. 보통 도면에 원점의 위치가 지정되어 있다(X=0, Y=0, Z=0) 그러나 간혹 제품의 특성에 따라 측정 요소로부터 옵셋 된 위치에 원점을 지정하는 경우도 있다. 원점 지정은 위치만 결정하며 방향은 결정하지 못한다. (1개의 자유도 제어)

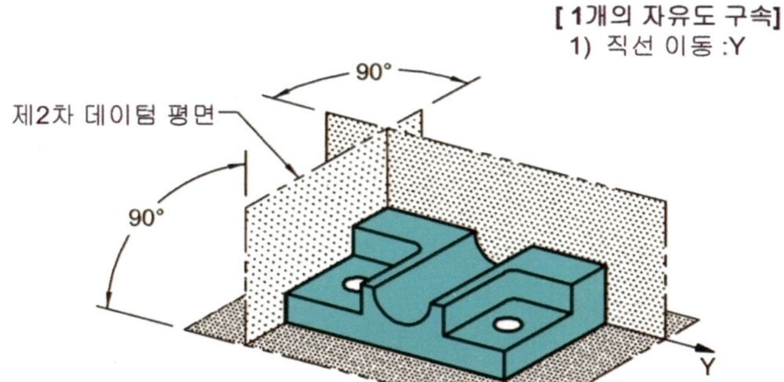

그림 2-5 측정물의 원점지정

① 제1 데이텀: 공간정렬

평면상에 3개의 위치 결정 구를 배치하여 2개의 회전 운동과 1개의 선형 운동을 구속함. (평면으로 공간정렬 시) 공간정렬을 할 수 있는 요소는 평면이다. 보통 평면의 9개 지점을 측정하며, 도면에 데이텀이 표시되어진 평면인 경우에는 측정값의 3배 수 인 27점 이상을 측정한다.

② 제2 데이텀: 평면회전

구속된 평면의 측면에 2개의 위치 결정 구를 배치하여, 구속되지 않은 1개의 회전 운동과 1개의 선형 운동을 구속한다. 평면회전을 할 수 있는 요소는 직선이다.

③ 제3 데이텀: 원점지정

구속되지 않은 선형 운동 방향으로 1개의 위치 결정 구를 배치하여, 나머지 1개의 선형 운동을 구속함으로써 공간상의 운동이 완전히 구속됨. 원점지정을 할 수 있는 요소는 기본요소 모두 가능하다. 만약 원의 중심을 원점으로 지정하고자 할 때는 해당 원을 27점 이상 측정하여 데이텀으로 지정한다.

- **데이텀에 따른 자유도 판정 & 도면 데이텀 기준 x, y, z 기준설정 3차원측정기로 다음 부품의 구멍 위치도를 측정하고자 한다.**

1) 제1차, 2차, 3차 데이텀 형체를 측정하여 순차적으로 데이텀 설정 시 구속되는 자유도를 기록하시오.

2) 최종적으로 설정되는 3차원 좌표계를 3D 모델링 도면에 작도하시오.

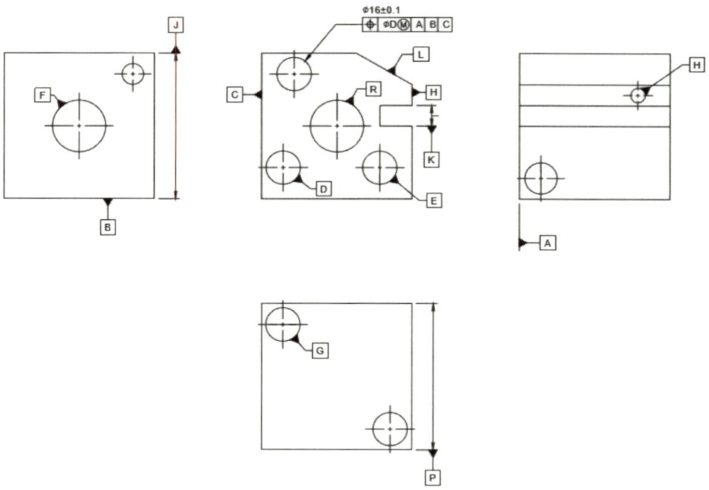

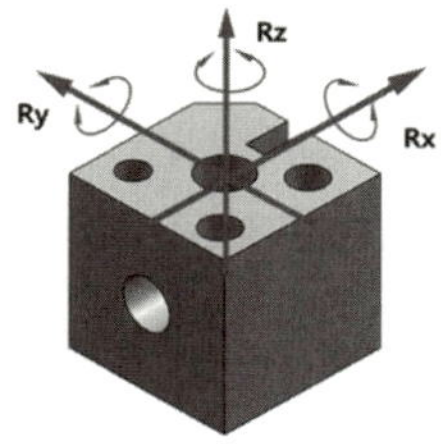

① 각 데이텀을 순차적으로 설정 시 구속되는 자유도를 기록하시오. (여기서, 직선운동 자유도는 X,Y,Z 회전운동 자유도는 Rx, Ry, Rz 이다)

측정항목	구속되는 직선 운동 자유도	구속되는 회전 운동 자유도
제1차 데이텀(A)	Z	Rx, Ry
제2차 데이텀(B)	Y	Rz
제3차 데이텀(C)	X	–

② 기계부품에서 데이텀을 순차적으로 설정해서 만들어지는 3차원(X,Y,Z) 좌표계를 작도하시오.

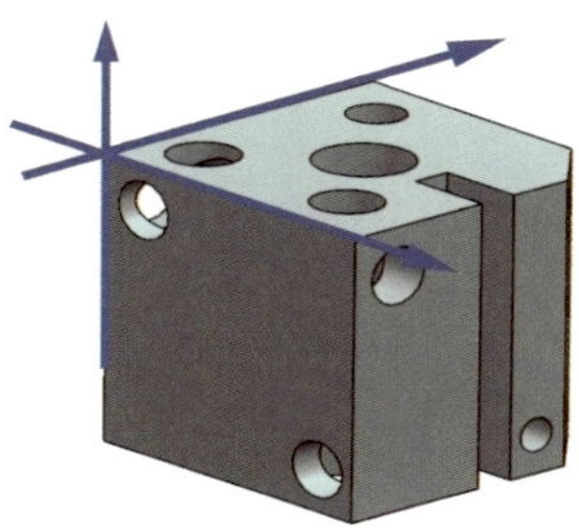

【문제 1】 데이텀 A, B, D

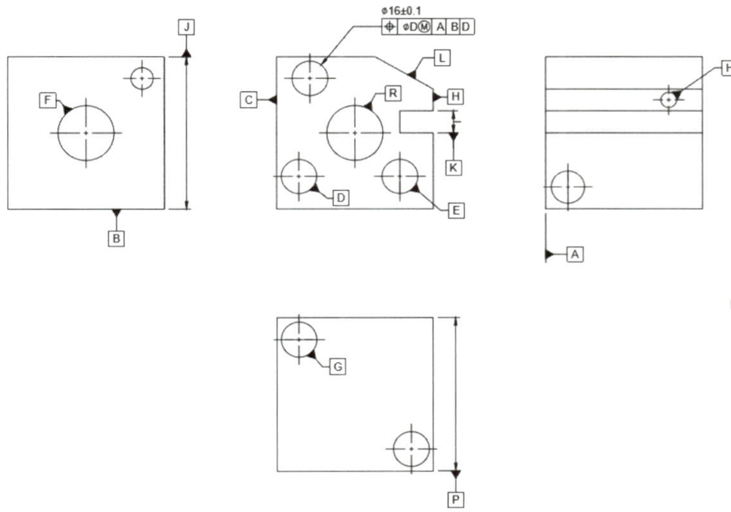

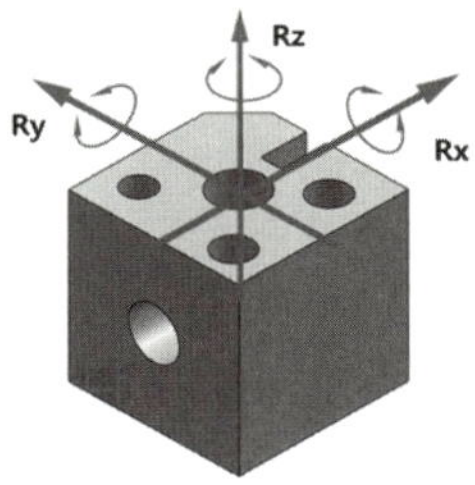

① 각 데이텀을 순차적으로 설정 시 구속되는 자유도를 기록하시오. (여기서, 직선운동 자유도는 X,Y,Z 회전운동 자유도는 Rx, Ry, Rz 이다)

측정항목	구속되는 직선 운동 자유도	구속되는 회전 운동 자유도
제1차 데이텀(A)	Z	Rx, Ry
제2차 데이텀(B)	Y	Rz
제3차 데이텀(D)	X	–

② 기계부품에서 데이텀을 순차적으로 설정해서 만들어지는 3차원(X,Y,Z) 좌표계를 작도하시오.

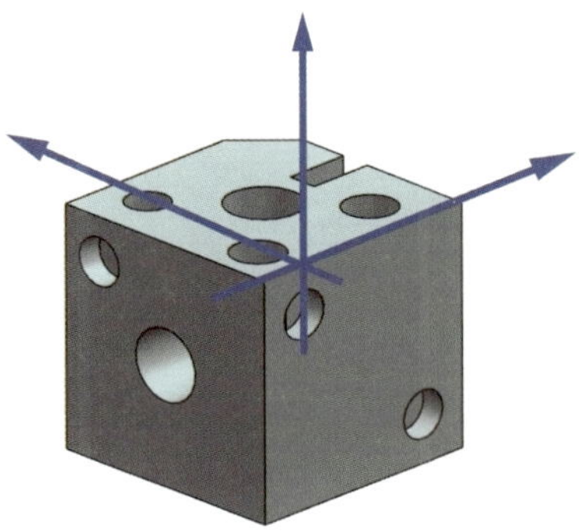

【문제 2】 데이텀 A, D, B

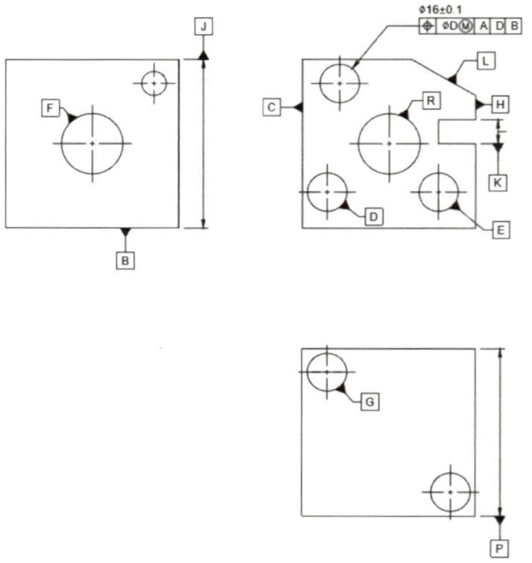

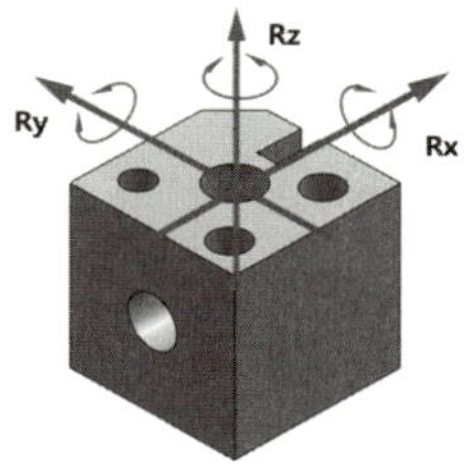

① 각 데이텀을 순차적으로 설정 시 구속되는 자유도를 기록하시오. (여기서, 직선운동 자유도는 X,Y,Z 회전운동 자유도는 Rx, Ry, Rz 이다)

측정항목	구속되는 직선 운동 자유도	구속되는 회전 운동 자유도
제1차 데이텀(A)	Z	Rx, Ry
제2차 데이텀(B)	X, Y	–
제3차 데이텀(D)	–	Rz

② 기계부품에서 데이텀을 순차적으로 설정해서 만들어지는 3차원(X,Y,Z) 좌표계를 작도하시오.

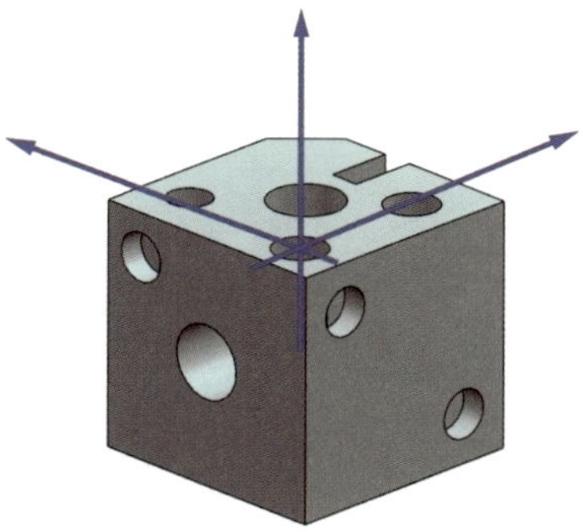

【문제 3】 데이텀 A, J, D

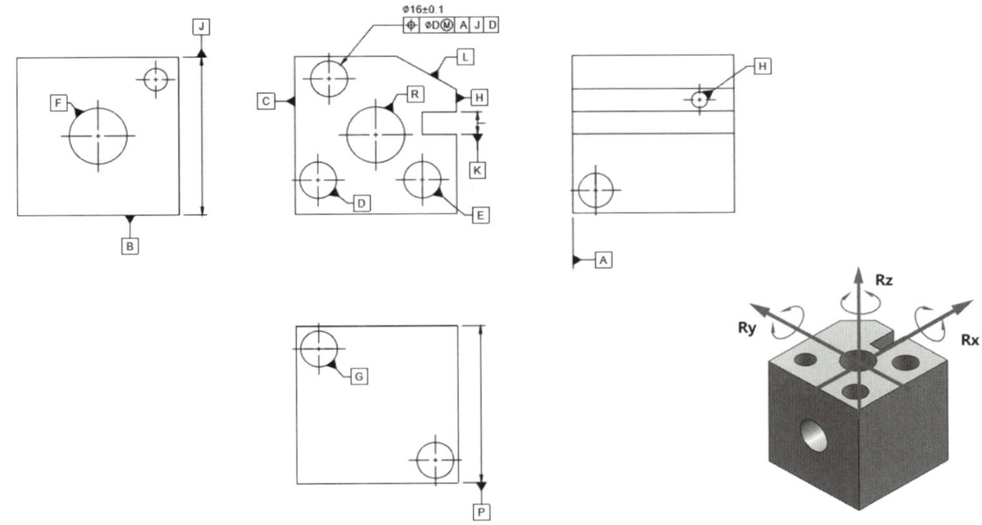

① 각 데이텀을 순차적으로 설정 시 구속되는 자유도를 기록하시오. (여기서, 직선운동 자유도는 X,Y,Z 회전운동 자유도는 Rx, Ry, Rz 이다)

측정항목	구속되는 직선 운동 자유도	구속되는 회전 운동 자유도
제1차 데이텀(A)	Z	Rx, Ry
제2차 데이텀(J)	Y	Rz
제3차 데이텀(D)	X	–

② 기계부품에서 데이텀을 순차적으로 설정해서 만들어지는 3차원(X,Y,Z) 좌표계를 작도하시오.

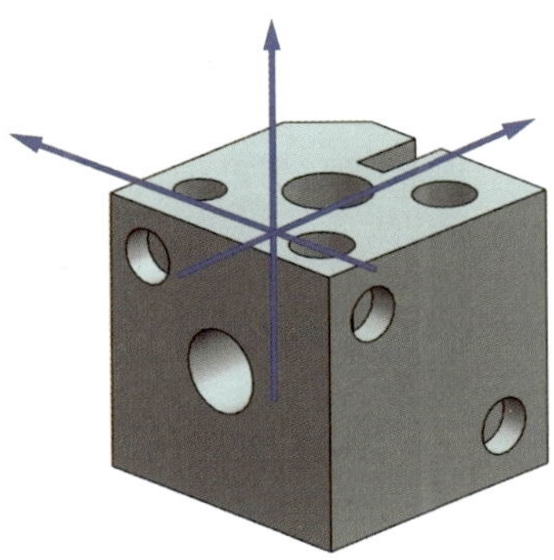

【문제 4】 데이텀 B, M, G

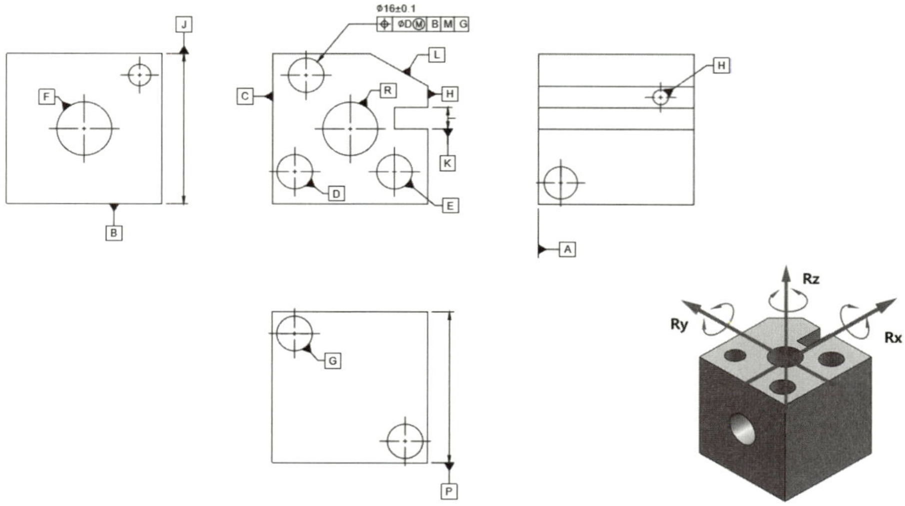

① 각 데이텀을 순차적으로 설정 시 구속되는 자유도를 기록하시오. (여기서, 직선운동 자유도는 X,Y,Z 회전운동 자유도는 Rx, Ry, Rz 이다)

측정항목	구속되는 직선 운동 자유도	구속되는 회전 운동 자유도
제1차 데이텀(B)	Y	Rx, Rz
제2차 데이텀(M)	X	Ry
제3차 데이텀(G)	Z	–

② 기계부품에서 데이텀을 순차적으로 설정해서 만들어지는 3차원(X,Y,Z) 좌표계를 작도하시오.

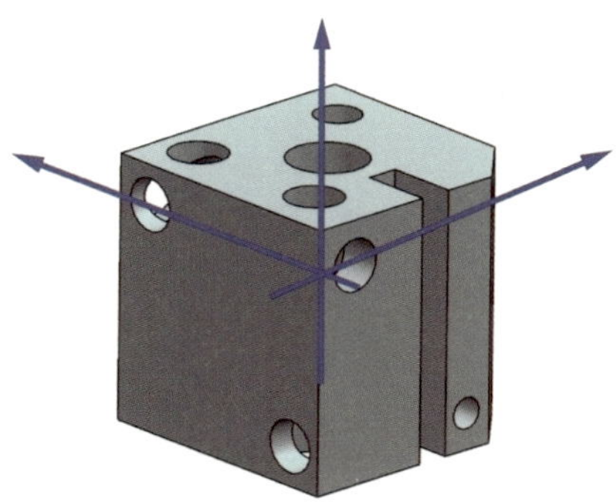

【문제 5】 데이텀 F, B, C

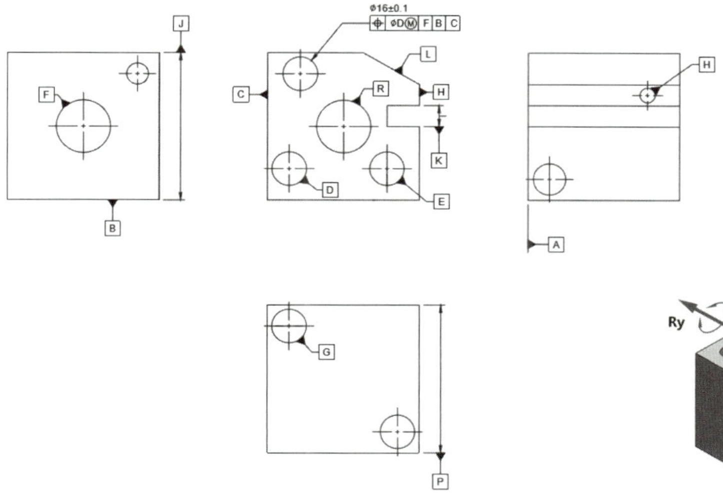

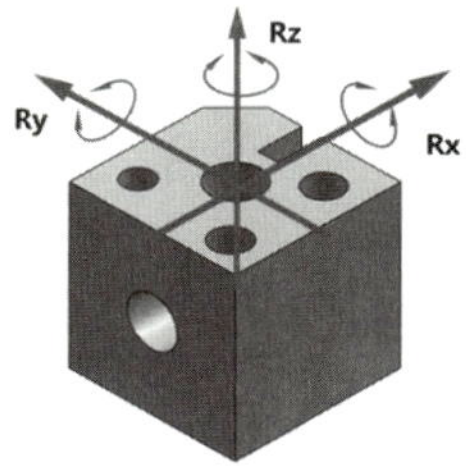

① 각 데이텀을 순차적으로 설정 시 구속되는 자유도를 기록하시오. (여기서, 직선운동 자유도는 X,Y,Z 회전운동 자유도는 Rx, Ry, Rz 이다)

측정항목	구속되는 직선 운동 자유도	구속되는 회전 운동 자유도
제1차 데이텀(F)	Y, Z	Rx, Rz
제2차 데이텀(B)		Rx
제3차 데이텀(C)	X	–

② 기계부품에서 데이텀을 순차적으로 설정해서 만들어지는 3차원(X,Y,Z) 좌표계를 작도하시오.

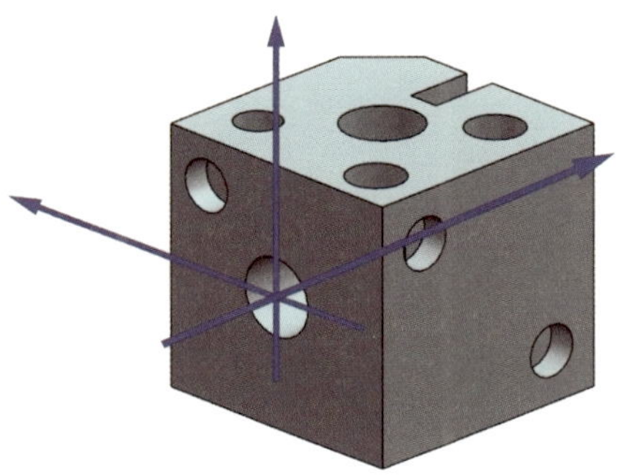

【문제 6】 좌표를 설정 시 데이텀 설정순서를 데이텀 기입 프레임에 기입하시오.

⌖	⌀0.1Ⓜ	A	M	D

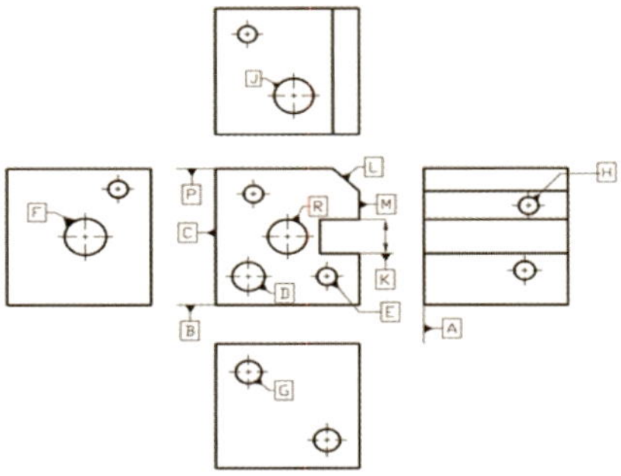

⌖	⌀0.1Ⓜ	M	A	E

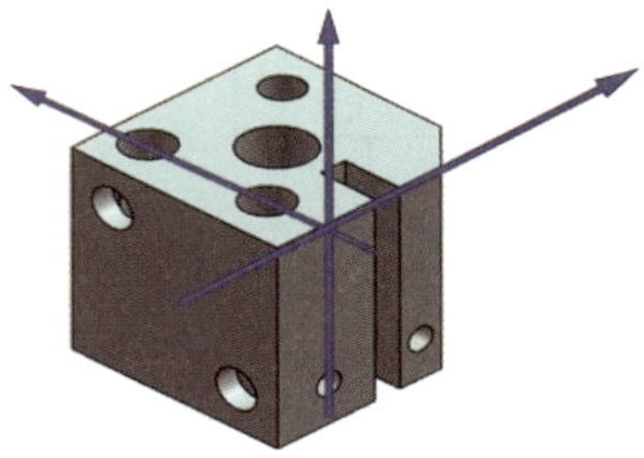

⌖	⌀0.1Ⓜ	A	D	M

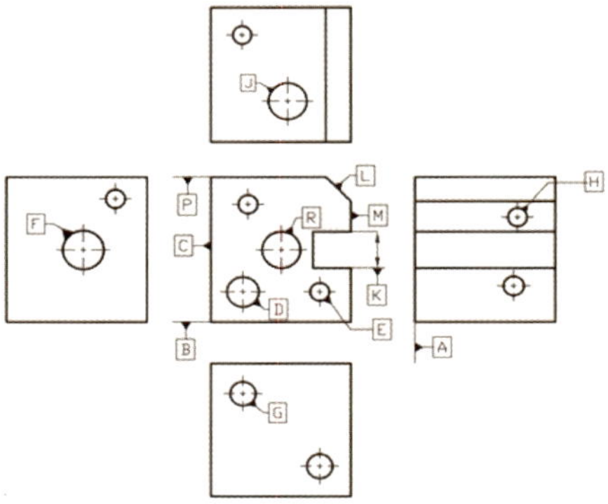

⌖	⌀0.1Ⓜ	A	D	C

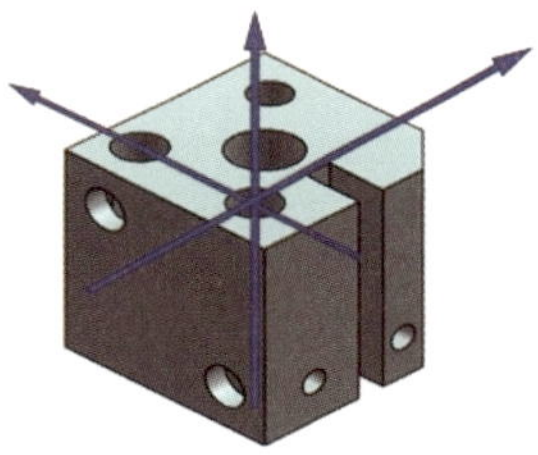

⌖	⌀0.1Ⓜ	P	C	A

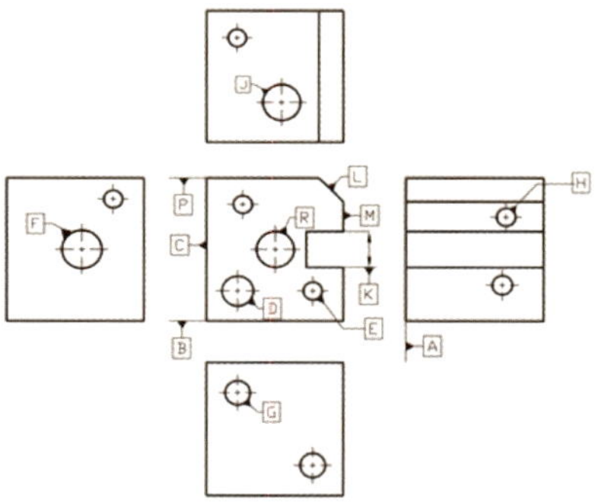

⌖	⌀0.1Ⓜ	A	C	P

⌖	⌀0.1Ⓜ	C	B	G

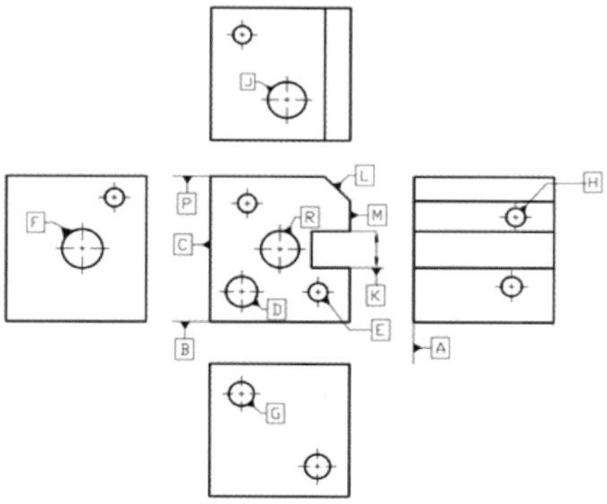

⌖	⌀0.1Ⓜ	B	C	G

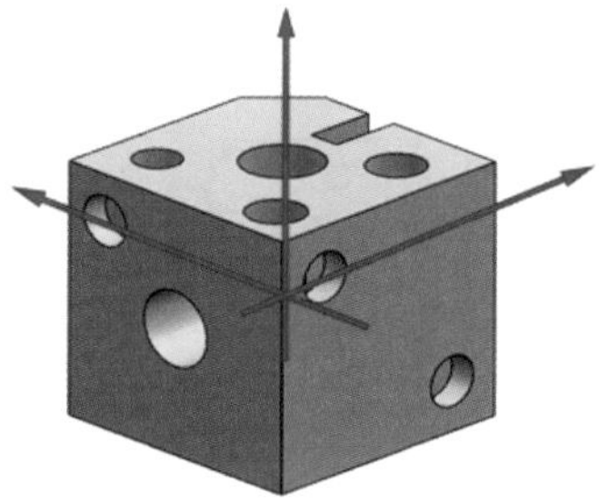

⌖	⌀0.1Ⓜ	C	F	A

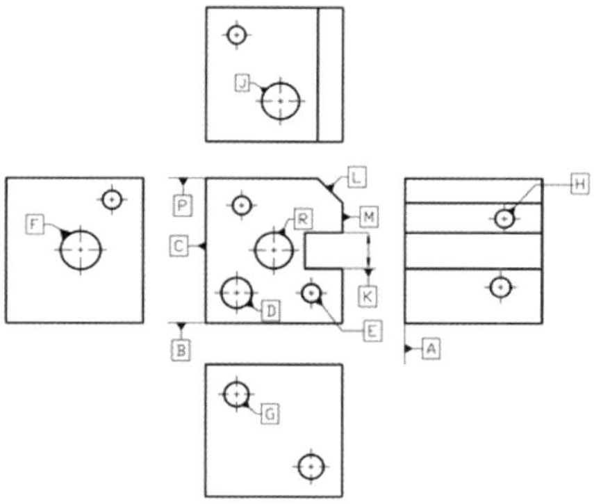

⌖	⌀0.1Ⓜ	C	F	B

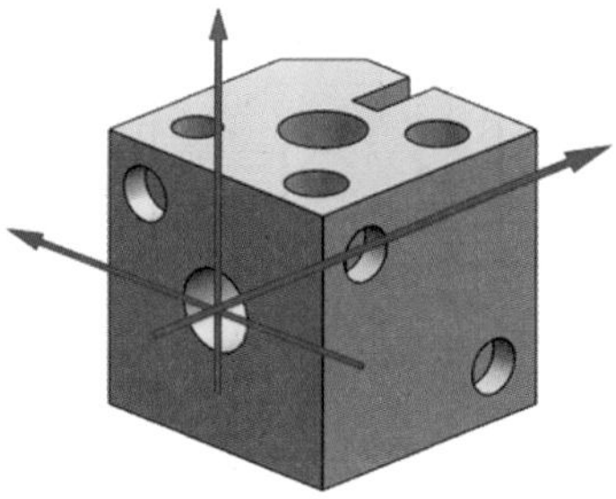

⌖	⌀0.1Ⓜ	C	F	A

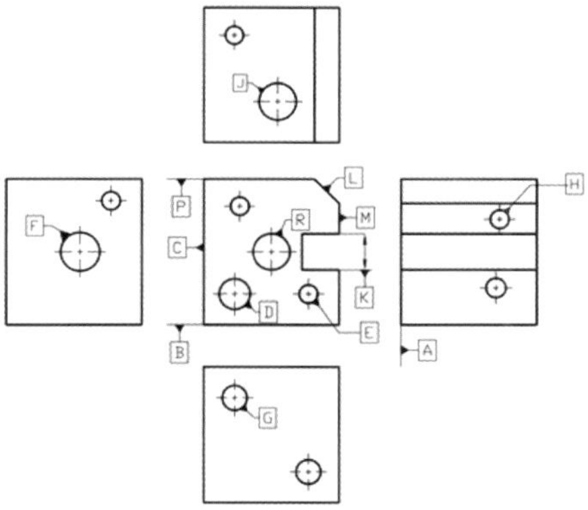

⌖	⌀0.1Ⓜ	C	F	B

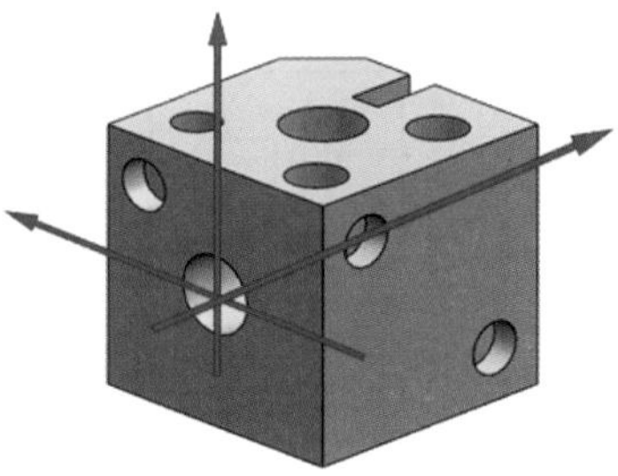

⌖	⌀0.1Ⓜ	A	M	K

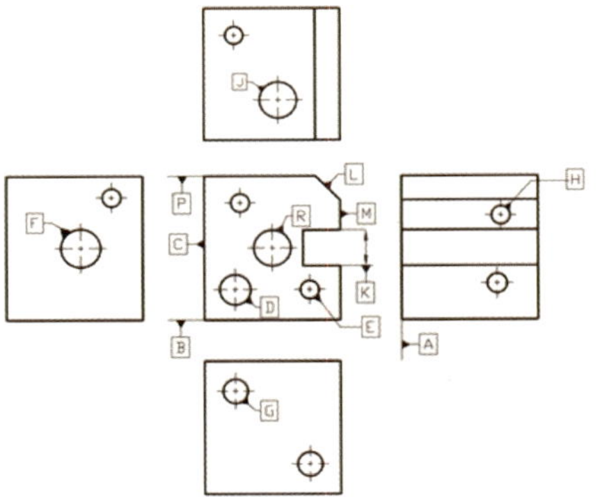

⌖	⌀0.1Ⓜ	M	A	K

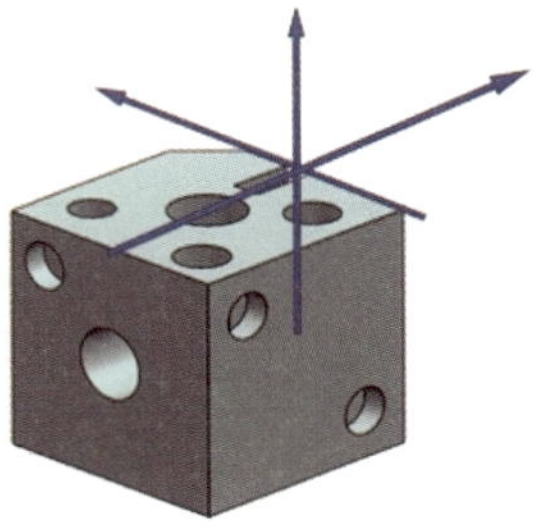

⌖	⌀0.1Ⓜ	A	L	R

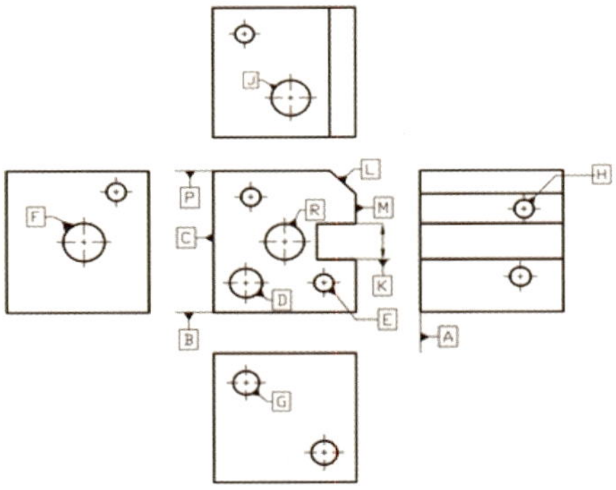

⌖	⌀0.1Ⓜ	A	L	D

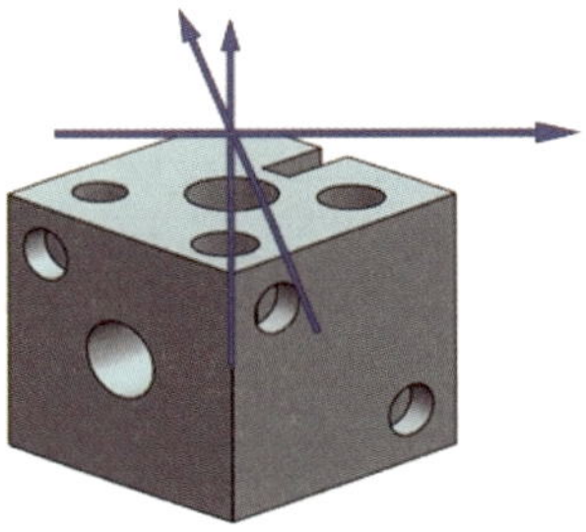

⌖	⌀0.1Ⓜ	A	R	E

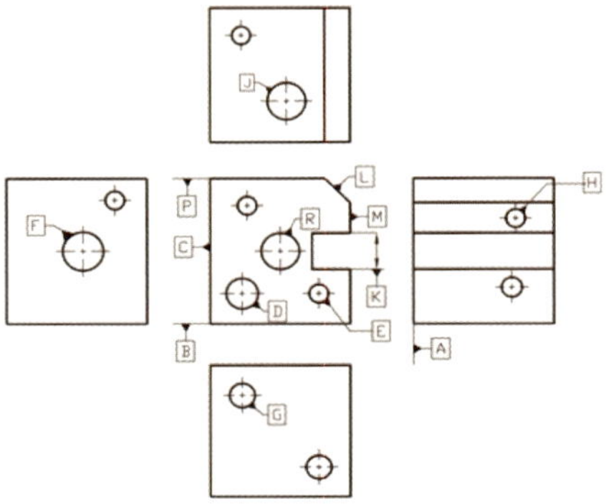

⌖	⌀0.1Ⓜ	A	R	D

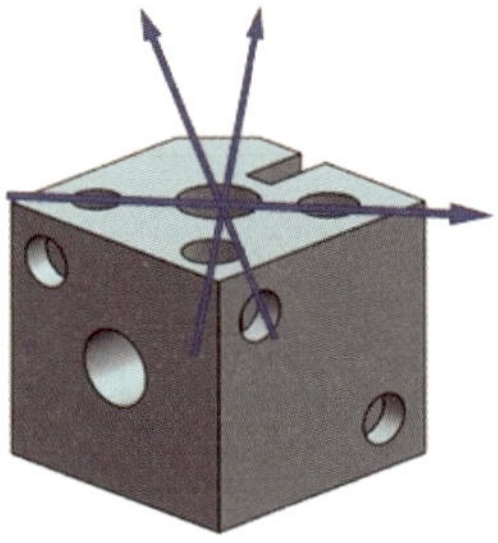

⌖	⌀0.1Ⓜ	A	C	R

⌖	⌀0.1Ⓜ	C	A	R

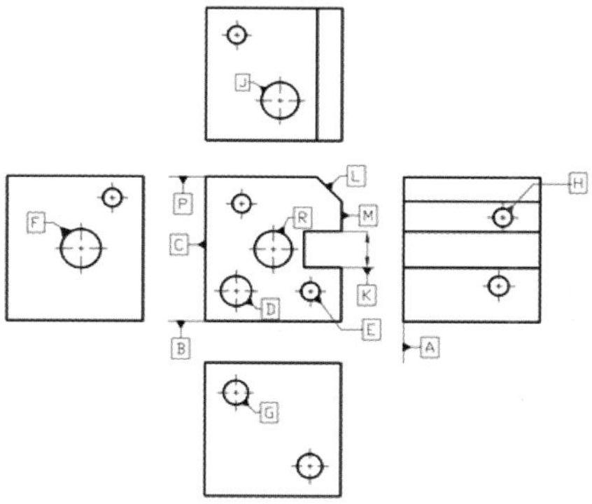

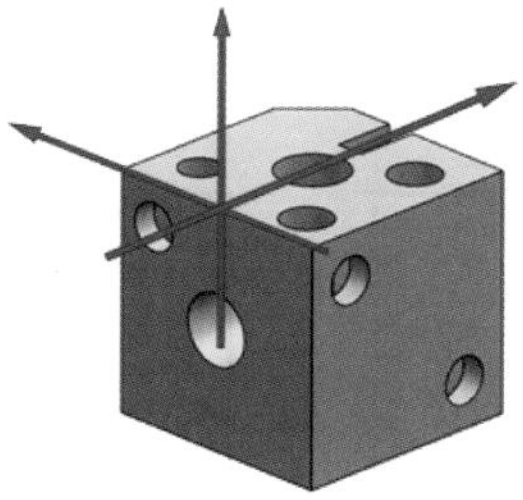

⌖	⌀0.1Ⓜ	M	B	H

⌖	⌀0.1Ⓜ	B	M	H

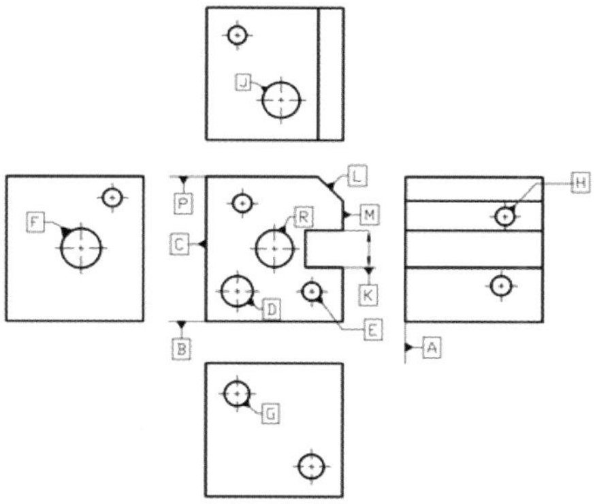

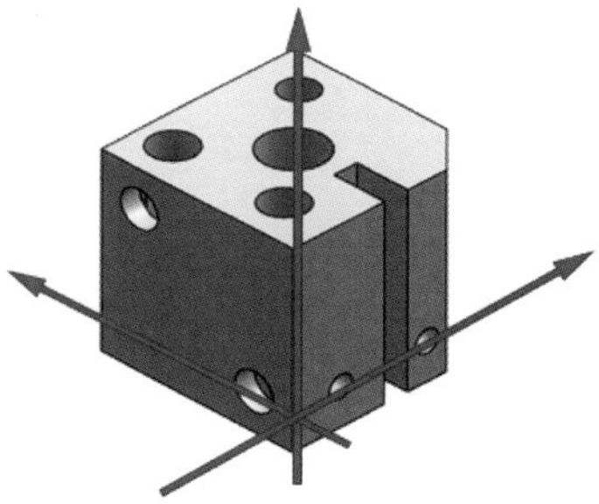

⌖	⌀0.1Ⓜ	A	P	D

⌖	⌀0.1Ⓜ	P	A	D

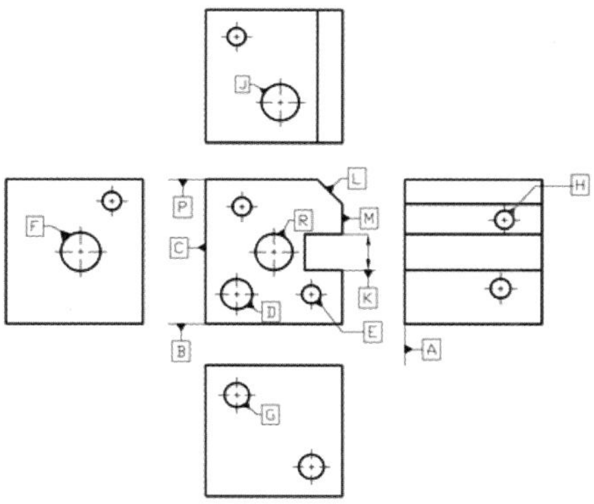

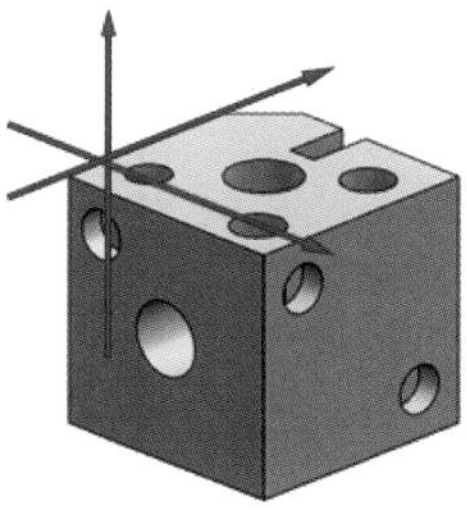

【실습 1】

1	⌖	Ø0 Ⓜ	A	B	
2	⌖	Ø0 Ⓜ	B	A	

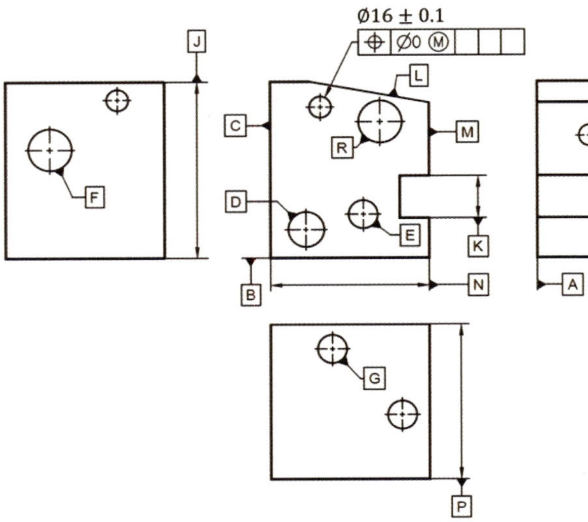

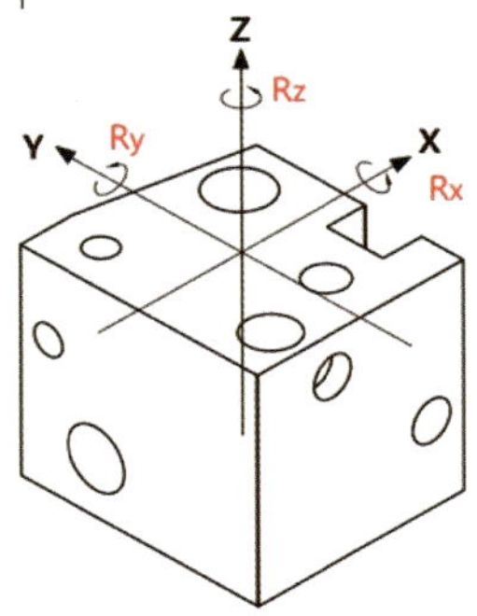

구분	구속되는 직선 운동 자유도	구속되는 회전 운동 자유도
제1차 데이텀		
제2차 데이텀		
제3차 데이텀		

【실습 2】

1	⌖	Ø0 Ⓜ	A	C	
2	⌖	Ø0 Ⓜ	C	A	

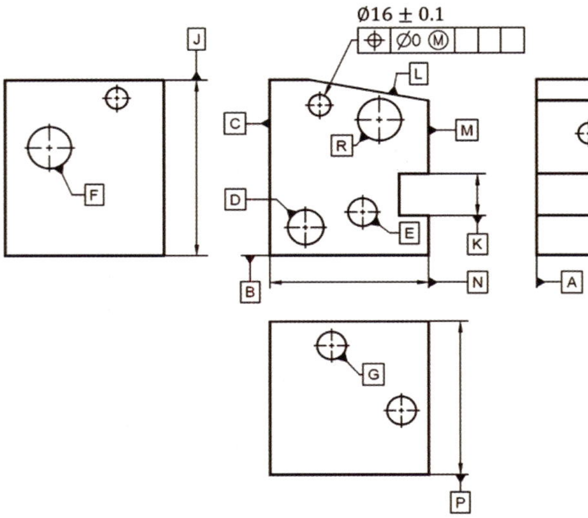

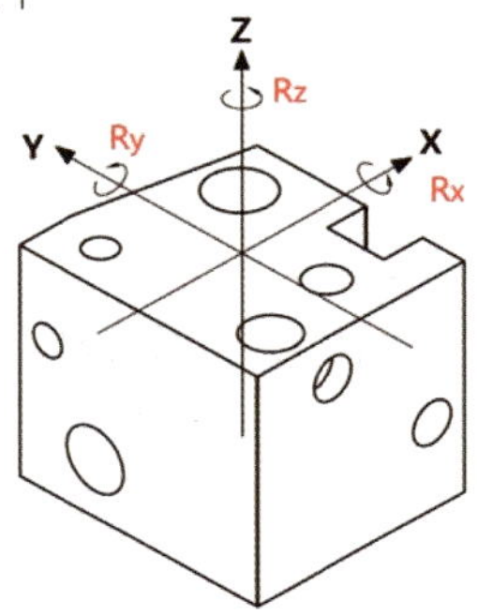

구분	구속되는 직선 운동 자유도	구속되는 회전 운동 자유도
제1차 데이텀		
제2차 데이텀		
제3차 데이텀		

【실습 3】

1	⌖	Ø0 Ⓜ	A	L	
2	⌖	Ø0 Ⓜ	L	A	

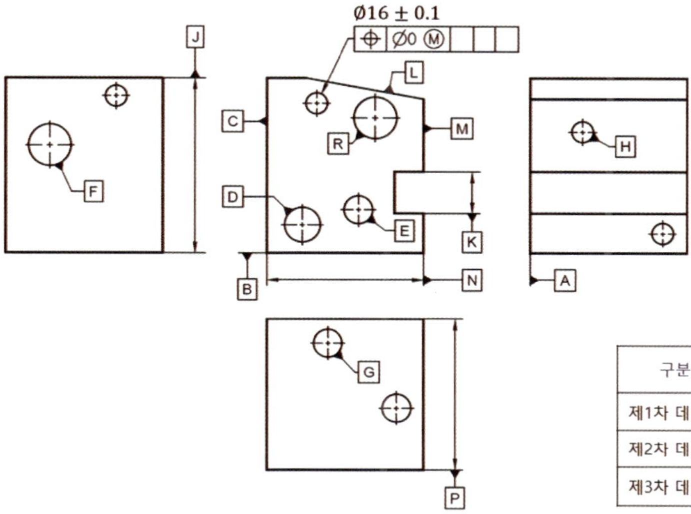

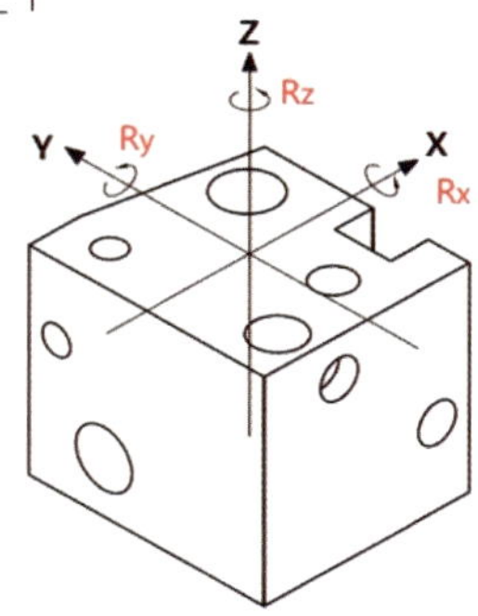

구분	구속되는 직선 운동 자유도	구속되는 회전 운동 자유도
제1차 데이텀		
제2차 데이텀		
제3차 데이텀		

【실습 4】

1	⌖	Ø0 Ⓜ	B	M	
2	⌖	Ø0 Ⓜ	M	B	

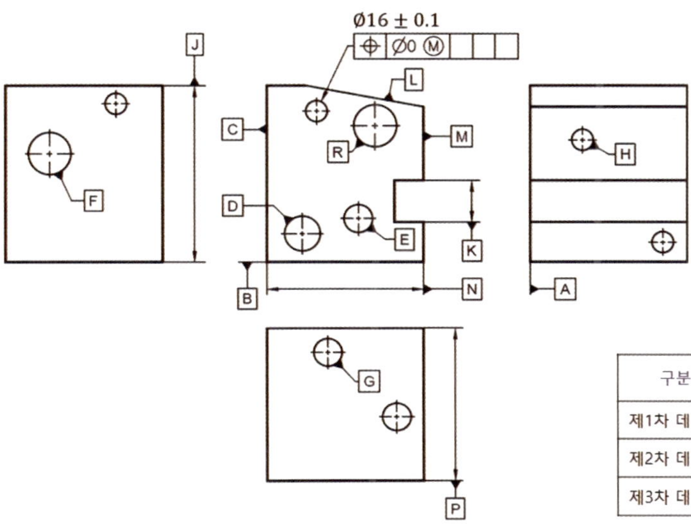

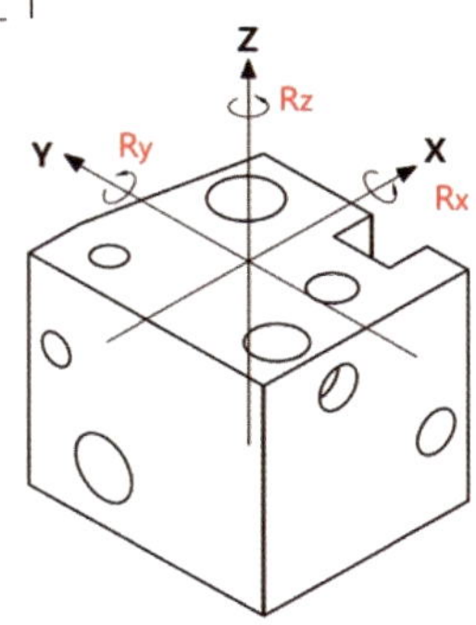

구분	구속되는 직선 운동 자유도	구속되는 회전 운동 자유도
제1차 데이텀		
제2차 데이텀		
제3차 데이텀		

스케줄표
마무리 학습 점검표

순	점검내용	평가표					비고
		5	4	3	2	1	
1	3차원 데이텀에 대한 이해하고 있다						
2	데이텀에 따른 자유도를 이해하고 있다						
3	좌표계에 대한 개념을 이해하고 작도할 수 있다						
4	30분 내 답안지를 제출할 수 있다						

- **총점**

- **문제 발생 시 향후계획**

2.5 기하공차 해석(4개 항목)

- 대칭도
- 위치도(홈)
- 위치도(원)
- 윤곽도

1. 요구사항

다음 부품의 기하편차를 구하기 위한 측정 데이터가 표 2-2와 같을 때 홈의 대칭도, 홈의 위치도 구멍의 위치도 및 면의 윤곽도를 구하시오.

「부품도면」

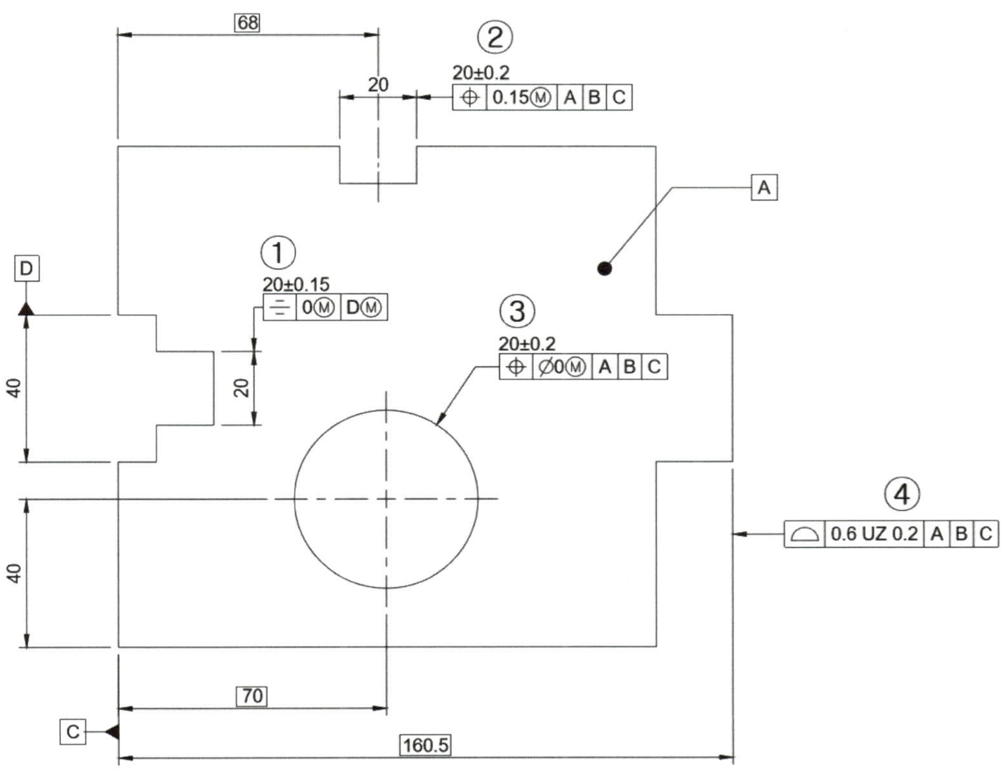

[표 2-2] 측정항목 및 데이터

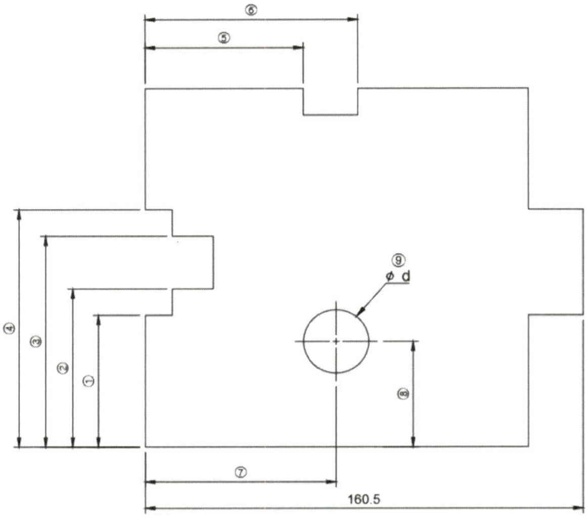

측정 데이터			
NO.	측정번호	측정값(mm)	비고
8-1	①	50.020	홈
	②	60.190	
	③	80.340	
	④	90.090	
8-2	⑤	58.175	홈
	⑥	78.210	
8-3	⑦	70.090	구멍
	⑧	39.910	
	⑨	24.060	
8-4	⑩	160.950	면

8–1 홈의 대칭도 계산 (단위: mm)

대칭도 계산값	대칭도 허용값	합부 판정

8–2 홈의 대칭도 계산 (단위: mm)

대칭도 계산값	대칭도 허용값	합부 판정

8–3 구멍의 위치도 계산 (단위: mm)

위치도 계산값	위치도 허용값	합부 판정

8–4 면의 윤곽도 계산 (단위: mm)

윤곽도 계산값	윤곽도 허용값	합부 판정

2. 위치도 공차이해

1) 위치도 측정

위치도(position)란 점, 직선부분, 평면 부분이 이론적으로 정확한 위치에 대하여 벗어난 양을 말한다. 위치도 공차는 복합 공차(형체의 진직도, 평행도, 진원도 및 직각도 오차)이며, 공차영역은 원통형상(직경 공차 영역) 및 비원통 형상(중간면을 기준으로 한 공차 영역)이 있다. 위치도 공차의 공차역은 직각 좌표방식의 직방체의 공차영역에 대해서 정방형의 경우보다 57% 증가한다. 위치도__mm, 또는 위치도___㎛로 표시한다.

① 위치도 공차방식

㉠ 직교좌표 공차방식(사각형 공차역): 실제 구멍 중심에서 같은 거리에 있는 경우라도 구멍 중심이 공차범위 내에 있을 수도 있고 공차범위를 벗어날 수도 있다.

㉡ 위치도 공차방식(직경 공차역): 구멍 중심이 같은 거리에 있으면 항상 공차 범위 내에 있게 되므로 지름 공차역으로 규제된 위치도 공차방식은 보다 큰 공차범위를 허용하게 되어 유리하다.

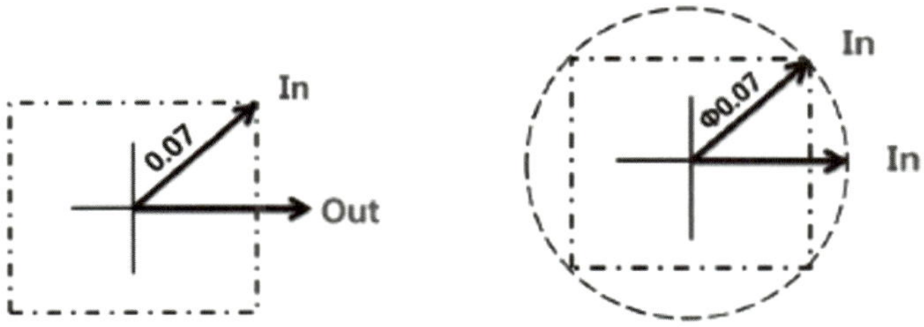

(a) 직교좌표 공차방식(사용안함) (b) 원통 공차역 공차방식(사용함)

그림 2-6 위치도 공차방식의 비교

Tip

그림 2-6에서 대각선을 지름으로 하는 $\varnothing 1.4(\sqrt{1^2+1^2}=1.4)$의 영역 내에 있는 구멍의 축선은 그 위치 방향에 아무런 제한도 받지 않고 또한 어떤 간섭도 없으며, 기능적으로 확실히 조립되어 상당히 많은 공차량을 제조해 주는 것을 알 수 있다. 즉 그림 2-6의 좌측 직교좌표 공차방식 대비 우측의 원통 공차역 공차방식 적용 시 공차값은 40% 증가하며, 영역은 면적비로 약 58% ($\varnothing=\frac{\pi D^2}{4}=\frac{\pi\times1.4^2}{4}=$ 1.583) 확대된다.
구멍형체는 통상 깊이를 가지기 때문에 원형의 구멍은 축선의 둘레에 원통 공차역을 형성한다. 구멍형체의 축선은 만약 이 원통 공차역 내에 있기만 하면 설령 굽었다 하더라도 허용된다. 기하공차 방식에 있어서 원통공차역은 위치도를 비롯하여 진직도, 직각도, 평행도,경사도 등에 적용되며 이것으로 인하여 조립기능의 효율은 한층 향상된다.

2) 위치도 표시방법

① 점의 위치도 공차: 평면상의 점이나 구면상의 중심점의 진 위치에서 벗어남을 규제한다. 지시선의 화살표로 나타낸 점은 데이텀 직선 A로부터 x축 100 mm, y축으로 80 mm 진위치를 중심으로 하는 지름 0.04 mm의 원 안에 존재하여야 한다.

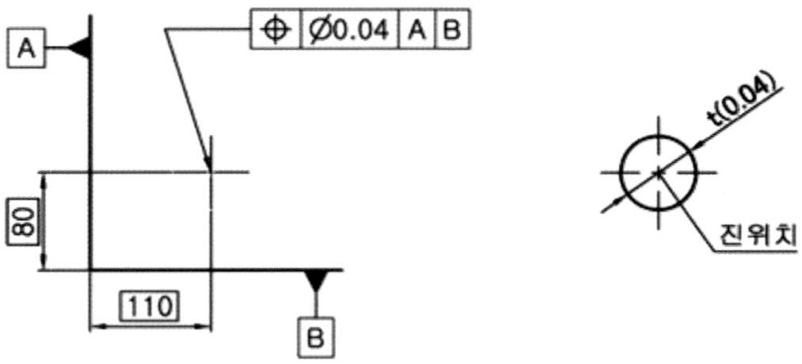

그림 2-7 위치도 공차 표시방법

② 위치도 공차 계산: 그림 2-7의 도시에 대한검증은 데이텀 A 및 B에서 좌표값을 측정해서 위치도 P는 다음 식으로 계산되어진다.

$$P = 2 \times \sqrt{(x - x_1)^2 + (y - y_1)^2}$$

여기서 x: 도면에 표시된 x축 값

x_1 : 실제 측정한 x축 치수값

y : 도면에 표시된 y축 값

y_1 : 실제`측정한 y축 치수값

【문제 1】

1. 다음 그림과 같은 도면의 부품을 높이마이크로미터를 이용하여 구멍을 측정하여 좌표값 X=40.011 mm, Y=54.985 mm, 지름 D=12.007 mm를 얻었다. 위치도를 계산하고 합부관계를 판정하시오.

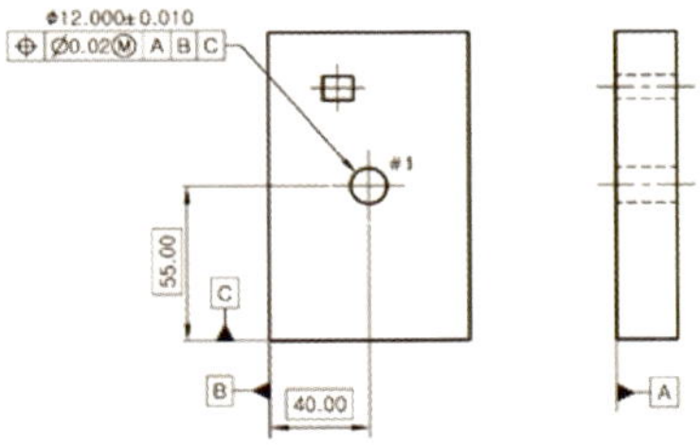

① **위치도** $=2\times\sqrt{(40.011-40.000)^2+(54.985-55.000)^2}$ = **0.037 mm**

② **위치도 허용 값** = 0.020 + 0.017 = **0.037 mm**

③ **판정 : 합격**

위치도 / 슬롯	위치도 계산값	위치도 허용값	판 정
#1	0.037	0.037	합격

【문제 8-1】 홈의 대칭도 계산

1) 대칭도 계산: (4-3)-(2-1)

(90.090-80.340)-(60.190-50.020) = (9.75-10.17)

대칭도 계산값: 0.42 mm

2) 대칭도 허용값: 0+(20-0.15)-(3-2)

= 0+(19.85)-(80.340-60.190)

= 0+(19.85-0.150)+(4-1)

= 0+0.30+(39.9-(90.090-50.020))

= 0+0.30+0.17

= 0.47 mm

8–1 홈의 대칭도 계산

단위: mm

대칭도 계산값	대칭도 허용값	합부 판정
0.42	0.47	합격

【문제 8-2】 홈의 대칭도 계산

1) 위치도: 68-((6+5)/2)

= 68-((78.210+58.175)/2)

= 68.0-68.193

= 0.193X2

= 0.385 mm

2) 허용값: 0.15+((6-5)-19.8) = 0.15+((78.210-58.175)-19.8)

= 0.15+0.235

= 0.385 mm

8–2 홈의 대칭도 계산

단위: mm

대칭도 계산값	대칭도 허용값	합부 판정
0.385	0.38	합격

【문제 8-3】 구멍의 위치도 계산

- **상기 표의 데이터를 참조하여 제품의 9번 중심 구멍 부분의 위치도를 계산하시오.**

순	x축		y축		지름		비고
	도면	측정값	도면	측정값	도면	측정값	
1	70.000	70.090	40.000	39.910	Ø24±0.2	24.060	

정답

1) 위치도 계산

$$P = 2 \times \sqrt{(70.000 - 70.090)^2 + (40.000 - 39.910)^2} = 0.254$$

2) 허용값

- 도면규격: 0
- 지름규격: 구멍의 MMC-구멍의 가공지름

  ∅23.800-24.060

  =0.26 mm

8–3 구멍의 위치도 계산 단위: mm

위치도 계산값	위치도 허용값	합부 판정
0.255	0.260	합격

【문제 8-4】 면의 윤곽도 계산

1) 윤곽도: 160.95-160.50 = **0.45 mm**

2) 허용값: (160.5+0.2) = 160.70-160.95

  = 0.25 × 2 = **0.50 mm**

8–4 면의 위치도 계산 단위: mm

윤곽도 계산값	윤곽도 허용값	합부 판정
0.45	0.50	합격

- **어느 가공공정의 제품이 있다. 도면규격은 160.50 mm, 실제측정값은 160.10 mm 면아래 규격을 적용하여 윤곽도를 계산하고 합, 부를 판정하시오.**

풀이

단위: mm

순	해당치수	계산값
1	도면규격	159.25~161.75
2	부등공차 적용 보정치수	160.25
3	윤곽도 허용공차	Φ2.5
4	윤곽도 허용공차 구간	159.00~161.50

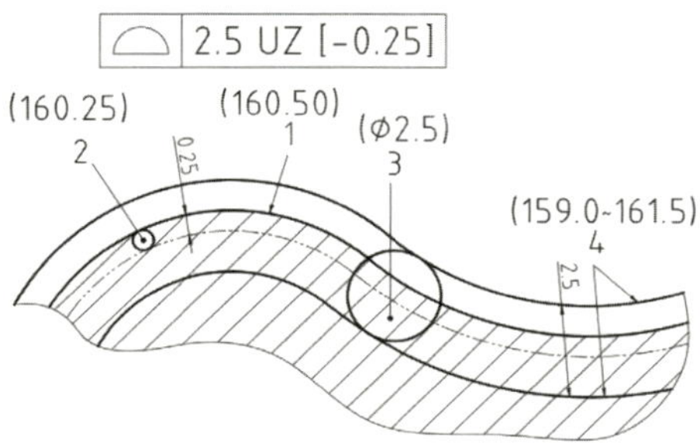

→ 부등공차를 가지는 면의 윤곽도 공차 계산식: 2×((160.50−0.25)−160.10)=0.30 mm임 도면에 표기된 윤곽도 공차 2.5 mm 허용공차 내 존재하므로 합격임.

【문제 8-5】 대칭도 공차

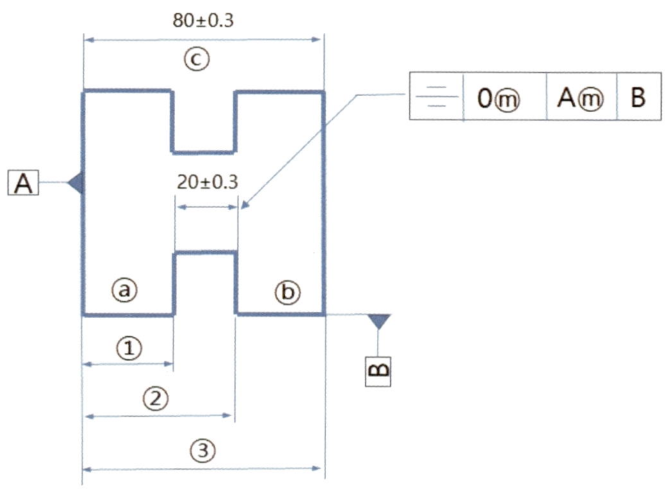

풀이

단위: mm

NO.	측정항목	측정값	비고
1	①	30.072	내경: 20.010
2	②	50.082	외경: 80.106
3	③	80.106	

【계산】

1) 대칭도 계산

(80.106÷2)=40.053

((①+②))÷2=40.077

= (40.077-40.053)×2=0.048

2) 허용값 계산

((②-①))=(50.082-30.072)=20.010

0+(20.010-19.700)+(80.106-79.700)=0.806

대칭도 계산값	허용값 계산(mm)				판정
	도면 규격	데이텀 A MMC적용값	데이텀 B MMC적용값	최대 허용값	
0.048	0	0.31	0.406	0.716	합격

* 대칭도 계산: ⓐ–ⓑ 측정= (30.072)–(80.106–50.082)=0.048 mm

스케줄표
마무리 학습 점검표

순	점검내용	평가표					비고
		5	4	3	2	1	
1	기하공차에 대해 이해하고 있다						
2	문제에 대한 답을 기록할 수 있다						
3	소수점 넷째자리에서 반올림하여 셋째자리까지 표현할 수 있다						
4	30분 내 답안지를 제출할 수 있다						

- **총점**

- **문제 발생 시 향후계획**

PART 03

정밀측정 산업기사 문제분석

| 작업형(4문제) |

3.1 • 마이크로미터 측정(Ⅰ)

3.2 • 마이크로미터 측정(Ⅱ)

3.3 • 마이크로미터 측정(Ⅲ)

3.4 • 마이크로미터 측정(Ⅳ)

3.5 • 높이측정(2개 항목)

3.6 • 투영기 측정(4개 항목)

3.7 • 마이크로미터 교정

3.1 마이크로미터 측정(I)

- 외경, 내경, 깊이, 홀 간 거리

과제명	마이크로미터를 이용한 요소측정	시간: 0.5 HR

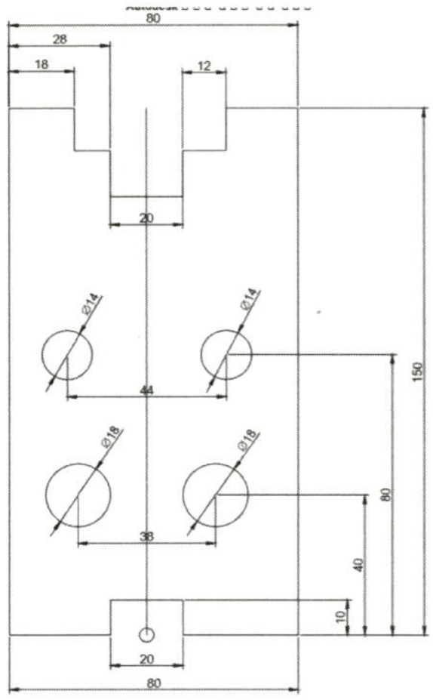

(요구정밀도 ±0.006 mm)

	항목	측정값					계산값			
		1회	2회	3회	4회	5회	항목	1회	2회	3회
측정평가 (70점)	Ø14						Ø14			
	Ø18						Ø18			
	20						80			
	20						150			
	10									
	18									
	28									

	작업평가(30점)				시간평가			
	측정방법 및 사용법	만점	양호	보통	소요시간(0.5 HR)			
평가	사용수칙 준수	10	8	6	측정 평가	작업 평가	시간 평가	합계
	정리정돈	10	8	6				

* 마이크로미터를 사용하여 주어진 측정시편을 ±0.006 mm까지 측정하며 5회 반복 측정하여 평가표에 기입하고 다음 값들을 계산한다.

3.2 마이크로미터 측정(II)

- 외경, 내경, 깊이, 홀 간 거리

과제명	마이크로미터를 이용한 요소측정	시간: 0.5 HR

	항목	측정값					계산값			
		1회	2회	3회	4회	5회	항목	1회	2회	3회
측정평가(70점)										

평가	작업평가(30점)				시간평가			
	측정방법 및 사용법	만점	양호	보통	소요시간(0.5 HR)			
	사용수칙 준수	10	8	6	측정 평가	작업 평가	시간 평가	합계
	정리정돈	10	8	6				

* 마이크로미터를 사용하여 주어진 측정시편을 ±0.006 mm까지 측정하며 5회 반복 측정하여 평가표에 기입하고 다음 값들을 계산한다.

3.3 마이크로미터 측정(Ⅲ)

- 외경, 내경, 깊이, 홀 간 거리

과제명	마이크로미터를 이용한 요소측정	시간: 0.5 HR

	항목	측정값					계산값			
		1회	2회	3회	4회	5회	항목	1회	2회	3회
측정평가 (70점)										

	작업평가(30점)				시간평가			
	측정방법 및 사용법	만점	양호	보통	소요시간(0.5 HR)			
평가	사용수칙 준수	10	8	6	측정 평가	작업 평가	시간 평가	합계
	정리정돈	10	8	6				

* 마이크로미터를 사용하여 주어진 측정시편을 ±0.006 mm까지 측정하며 5회 반복 측정하여 평가표에 기입하고 다음 값들을 계산한다.

3.4 마이크로미터 측정(Ⅳ)

- 외경, 내경, 깊이, 홀 간 거리

<table>
<tr><th colspan="2">과제명</th><th colspan="7">마이크로미터를 이용한 요소측정</th><th colspan="2">시간: 0.5 HR</th></tr>
<tr><td colspan="11"></td></tr>
<tr><td rowspan="9">측정평가
(70점)</td><td rowspan="2">항목</td><td colspan="5">측정값</td><td colspan="4">계산값</td></tr>
<tr><td>1회</td><td>2회</td><td>3회</td><td>4회</td><td>5회</td><td>항목</td><td>1회</td><td>2회</td><td>3회</td></tr>
<tr><td></td><td></td><td></td><td></td><td></td><td></td><td></td><td></td><td></td><td></td></tr>
<tr><td></td><td></td><td></td><td></td><td></td><td></td><td></td><td></td><td></td><td></td></tr>
<tr><td></td><td></td><td></td><td></td><td></td><td></td><td></td><td></td><td></td><td></td></tr>
<tr><td></td><td></td><td></td><td></td><td></td><td></td><td></td><td></td><td></td><td></td></tr>
<tr><td></td><td></td><td></td><td></td><td></td><td></td><td></td><td></td><td></td><td></td></tr>
<tr><td></td><td></td><td></td><td></td><td></td><td></td><td></td><td></td><td></td><td></td></tr>
<tr><td></td><td></td><td></td><td></td><td></td><td></td><td></td><td></td><td></td><td></td></tr>
<tr><td rowspan="4">평가</td><td colspan="6">작업평가(30점)</td><td colspan="4">시간평가</td></tr>
<tr><td colspan="3">측정방법 및 사용법</td><td>만점</td><td>양호</td><td>보통</td><td colspan="4">소요시간(0.5 HR)</td></tr>
<tr><td colspan="3">사용수칙 준수</td><td>10</td><td>8</td><td>6</td><td>측정
평가</td><td>작업
평가</td><td>시간
평가</td><td>합계</td></tr>
<tr><td colspan="3">정리정돈</td><td>10</td><td>8</td><td>6</td><td></td><td></td><td></td><td></td></tr>
</table>

* 마이크로미터를 사용하여 주어진 측정시편을 ±0.006 mm까지 측정하며 5회 반복 측정하여 평가표에 기입하고 다음 값들을 계산한다.

스케줄표

마무리 학습 점검표

순	점검내용	평가표					비고
		5	4	3	2	1	
1	M/M의 구조에 대해 이해하고 있다						
2	M/M의 눈금을 정확하게 읽을 수 있다						
3	아나로그 M/M을 목측하여 셋째자리까지 표현할 수 있다						
4	평가 시 0점 조정을 정확하게 실시할 수 있다						
5	30분 내 답안지를 제출할 수 있다						

- 총점

- 문제 발생 시 향후계획

• 교수평

본 평가는 M/M를 이용하여 내측, 외측, 깊이, 단차 등을 측정하는 시험항목으로 평소에 많은 연습이 필요하다고 생각됩니다. 시험 평가 전에는 반드시 M/M의 0점 조정을 확인해야 되며, 시험 시에는 의외로 시간이 많이 부족하여 대다수 학생들이 점수를 잃어버리는 경향이 있다는 것을 마음속에 꼭 새겨두기를 바랍니다.

3.5 높이측정(2개 항목)

- 위치도
- 대칭도

1. 요구사항

높이마이크로미터를 이용하여 부품의 위치도와 대칭도를 구하고 합부 판정을 하시오.

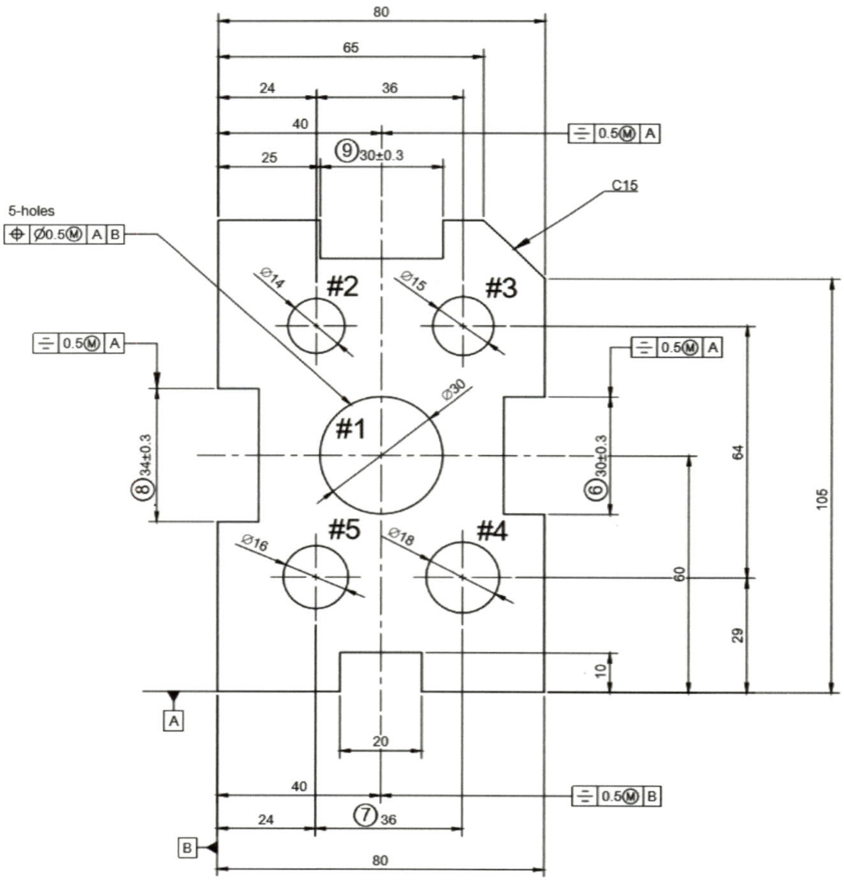

그림 3-1 높이측정 시편

【문제 1-1】 구멍의 위치도 계산

- 상기 그림의 데이터를 참조하여 시편의 구멍의 위치도를 계산하시오.

측정 항목	x축		y축		지름		비고
	규격	측정값	규격	측정값	규격	측정값	
1							

정답

1) 위치도 계산

2) 허용값

- 도면규격:
- 지름규격:

1–1 구멍의 위치도 계산 단위: mm

위치도 계산값	위치도 허용값	합부 판정

【문제 1-2】 구멍의 위치도 계산

- 상기 그림의 데이터를 참조하여 시편의 구멍의 위치도를 계산하시오.

측정 항목	x축		y축		지름		비고
	규격	측정값	규격	측정값	규격	측정값	
2							

정답

1) 위치도 계산

2) 허용값

- 도면규격:
- 지름규격:

1–2 구멍의 위치도 계산 단위: mm

위치도 계산값	위치도 허용값	합부 판정

【문제 1-3】 구멍의 위치도 계산

- 상기 그림의 데이터를 참조하여 시편의 구멍의 위치도를 계산하시오.

측정 항목	x축		y축		지름		비고
	규격	측정값	규격	측정값	규격	측정값	
3							

정답

1) 위치도 계산

2) 허용값

- 도면규격:
- 지름규격:

1–3 구멍의 위치도 계산

단위: mm

위치도 계산값	위치도 허용값	합부 판정

【문제 1-4】 구멍의 위치도 계산

- 상기 그림의 데이터를 참조하여 시편의 구멍의 위치도를 계산하시오.

측정 항목	x축		y축		지름		비고
	규격	측정값	규격	측정값	규격	측정값	
4							

정답

1) 위치도 계산

2) 허용값

- 도면규격:
- 지름규격:

1–4 구멍의 위치도 계산

단위: mm

위치도 계산값	위치도 허용값	합부 판정

【문제 1-5】 구멍의 위치도 계산

• 상기 그림의 데이터를 참조하여 시편의 구멍의 위치도를 계산하시오.

측정 항목	x축		y축		지름		비고
	규격	측정값	규격	측정값	규격	측정값	
5							

정답

1) 위치도 계산

2) 허용값

- 도면규격:
- 지름규격:

1–5 구멍의 위치도 계산 단위: mm

위치도 계산값	위치도 허용값	합부 판정

【문제 1-6】 홈의 대칭도 계산

1) 대칭도 계산:

대칭도 계산값:

2) 대칭도 허용값:

1–6 홈의 대칭도 계산 단위: mm

대칭도 계산값	대칭도 허용값	합부 판정

【문제 1-7】 홈의 대칭도 계산

1) 대칭도 계산:

대칭도 계산값:

2) 대칭도 허용값:

1–7 홈의 대칭도 계산 단위: mm

대칭도 계산값	대칭도 허용값	합부 판정

【문제 1-8】 홈의 대칭도 계산

1) 대칭도 계산:

대칭도 계산값:

2) 대칭도 허용값:

1–8 홈의 대칭도 계산 단위: mm

대칭도 계산값	대칭도 허용값	합부 판정

스케줄표

마무리 학습 점검표

순	점검내용	평가표					비고
		5	4	3	2	1	
1	H/G의 눈금을 정확하게 읽을 수 있다						
2	사용 전에 0점 조정을 정확하게 실시할 수 있다						
3	H/G를 이용하여 내경의 중심점을 정확하게 측정할 수 있다						
4	위치도 및 대칭도 값을 이용하여 기하공차를 계산할 수 있다						
5	30분 내 답안지를 제출할 수 있다						

총점

문제 발생 시 향후계획

교수평

본 평가는 H/G를 이용하여 측정시편의 각 구멍의 위치도 및 홈에 대한 대칭도 등을 측정하는 시험 항목으로 최소 100시간 이상의 연습이 필요하다고 생각됩니다. 시험 평가 전에는 반드시 마스터를 이용하여 H/G의 0점 조정을 정확하게 세팅해야 되며, 평가 시에는 시편의 여러 요소 중 구멍의 위치도 및 홈의 대칭도에 대해 각각 한 항목씩 측정하여 계산합니다. 그러나 이번 평가도 의외로 시간이 많이 부족하여 대다수 학생들이 점수를 잃어버리는 경향이 있다는 것을 마음속에 꼭 새겨두기를 바랍니다.

3.6 투영기 측정(4개 항목)

- 거리(L1...)
- 각도(A1..)
- 위치도 측정(P1...)
- 윤곽도 측정

1. 요구사항

투영기를 이용하여 다음 부품의 길이, 위치도 및 윤곽도를 측정하시오.

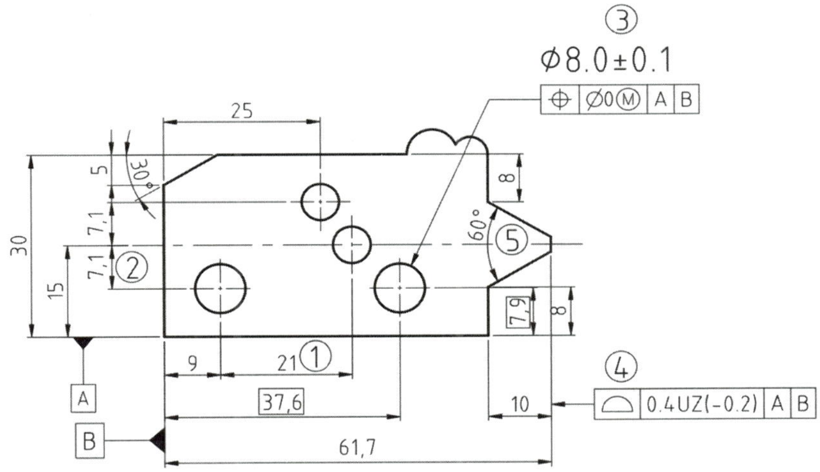

그림 3-2 투영기 측정 시편

1) 측정항목 및 요구정밀도 단위: mm

순	측정항목	요구정밀도	비고
1	거리	±0.030	
2	윤곽도	±0.020	
3	각도	±0 ° 12'	

【문제 3-1】 구멍간 거리(X축)

- 상기 그림의 데이터를 참조하여 구멍의 거리를 계산하시오.

순	측정항목	도면규격	허용공차	측정값	합부판정
1	①	21.0	±0.030		

【문제 3-2】 구멍간 거리(Y축)

- 상기 그림의 데이터를 참조하여 구멍의 거리를 계산하시오.

순	측정항목	도면규격	허용공차	측정값	합부판정
1	②	7.1	±0.030		

【문제 3-3】 구멍의 위치도 계산

- 상기 그림의 데이터를 참조하여 시편 구멍의 위치도를 계산하시오.

순	측정 항목	x축		y축		지름		비고
		도면	측정값	도면	측정값	도면	측정값	
1	③	37.6		7.9		8.0±0.1		

정답

1) 위치도 계산:

2) 허용값:

3) 판정

위치도 계산값	위치도 허용값	합부 판정

【문제 3-4】 면의 윤곽도 측정

- 측정시편의 데이터를 참조하여 윤곽도를 계산하시오.

순	측정항목	도면규격	요구정밀도	측정값	합부판정
1	④	61.70	±0.020		

- 도면규격은 61.70 mm, 측정값은 61.45 mm라고 가정하면 윤곽도를 계산하고 합, 부를 판정하시오.

풀이

순	해당치수	계산값
1	도면규격	61.5~61.9
2	부등공차 적용 보정치수	61.50
3	윤곽도 허용공차	Φ0.4
4	윤곽도 허용공차 구간	61.30~61.70

* 부등공차를 가지는 면의 윤곽도 공차 계산식: 2((61.7−0.20)−61.45)=0.10 mm임
도면에 표기된 윤곽도 공차 0.4 mm 허용공차 내 존재하므로 **합격임.**

【문제 3-5】 각도측정

- 측정시편의 데이터를 참조하여 각도(A)를 계산하시오.

순	측정항목	도면규격	요구정밀도	측정값	합부판정
1	⑤	60 °	±0.020		

스케줄표

마무리 학습 점검표

순	점검내용	평가표					비고
		5	4	3	2	1	
1	투영기 상면에 시편을 정확하게 고정할 수 있다						
2	사용 전에 0점 조정을 정확하게 실시할 수 있다						
3	투영기를 이용하여 내경, 각도 등 측정요소를 정확하게 측정할 수 있다						
4	윤곽도 측정 후 기하공차를 정확하게계산 할 수 있다						
5	30분 내 답안지를 제출할 수 있다						

- **총점**

- **문제 발생 시 향후계획**

- **교수평**

본 평가는 투영기를 이용하여 측정시편의 각 구멍의 위치도 및 면간의 윤곽도, 각도 등을 측정하는 시험항목으로 최소 50시간 이상의 연습이 필요하다고 생각됩니다. 시험 평가 전에는 반드시 시편을 투영기 화면에 있는 십자선에 정확하게 0점 조정을 세팅해야 측정오차를 최소화 할 수 있습니다.

3.7 마이크로미터 교정

1. 평면도 교정방법(외측마이크로미터와 게이지블록 이용)

외측마이크로미터를 이용하여 게이지 블록의 중앙, 상, 하, 좌, 우 면들을 측정하여 이들 중에서 (최대-최소)로 평면도를 검사한다.

그림 3-3 게이지 블록을 이용한 평면도 검사

2. 측정면의 평면도(앤빌 또는 스핀들)

측정면에 옵티컬 플랫(광선정반)을 밀착시키고, 백색광원에 의한 적색 간선무늬의 수를 읽어낸다. 300mm 미만의 것은 간섭무늬의 수가 2개 이하, 300mm 이상인 것은 간섭무늬의 수가 3개 이하로 규정되어 있다.

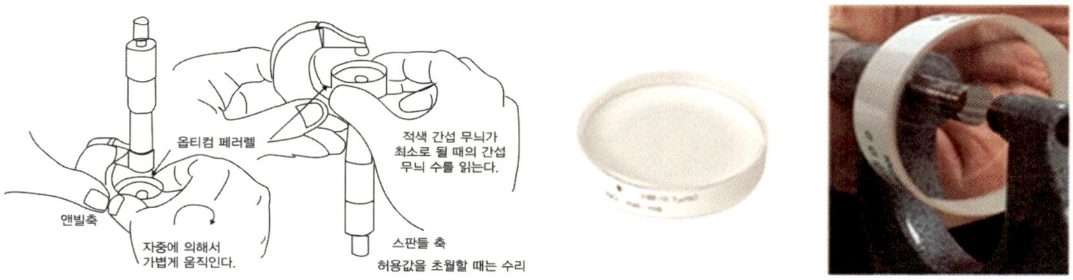

그림 3-4 광선정반(optical flat)을 이용한 평면도 검사

3. 측정면의 평행도

두 측정면 사이에 옵티컬 패러렐(평행광선정반) 또는 이것과 블록게이지를 조합한 것을 밀착시키고, 백색광원에 의한 적색 간섭무늬의 수를 읽는다.

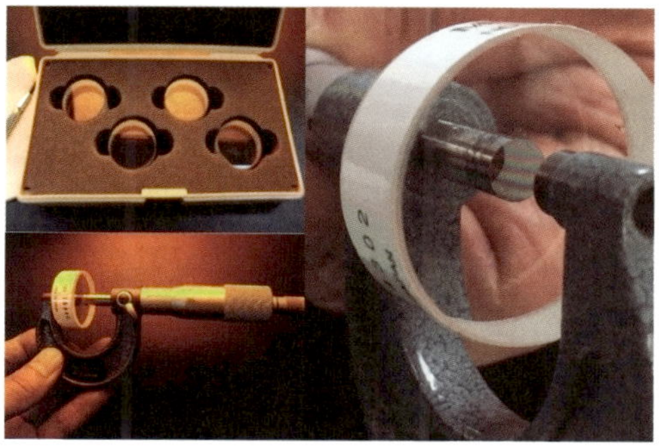

그림 3-5 평행광선정반(optical parallel)을 이용한 평행도 검사

4. 측정면의 평면도 및 평행도 검사

1) 마이크로미터 측정면의 평면도는 $n \times \frac{\lambda}{2}$ (n : 간섭무늬, λ : 사용광선의 파장)

최대 측정길이(mm)	측정면의 평면도(㎛)
250 미만	2
250 이상	4

2) 마이크로미터 측정면의 평행도는 $(n_1 + n_2) \times \frac{\lambda}{2}$ (n: 간접문늬, λ: 사용광선의 파장)로 계산한다.

최대 측정길이(mm)	평행도(㎛)
75 이하	2
75~175 이하	3
175~275 이하	4
275~375 이하	5
375~475 이하	6
475~500 이하	7

돌발! 퀴즈~

1. 외측마이크로미터를 옵티컬 플랫을 이용하여 앤빌측 측정면을 검사한 결과 4개의 간섭무늬가 나타났다. 평면도는 얼마인가? (광선의 파장은 0.6㎛)

정답

$$4 \times \frac{0.6}{2} = 1.2\,\mu m$$

2. 외측마이크로미터를 옵티컬 패러랠을 이용하여 앤빌측에 2개, 스핀들측에 3개의 간섭무늬가 나타났다. 이 마이크로미터의 평행도는 얼마인가? (광선의 파장은 0.6㎛)

정답

$$(2+3) \times \frac{0.6}{2} = 1.5\,\mu m$$

5. 마이크로미터 교정 실습

외측마이크로미터(0~25 mm)를 교정하시오. (λ=0.6 ㎛ 또는 시험장에서 제시한 값으로 계산)

1) 평면도 측정 데이터 정리(요구정밀도: ±2㎛)

측정면	간섭 무늬수(개)	단색 관원 반파장(㎛)	평면도(㎛)
앤빌 면			
스핀들 면			

2) 평행도 측정 데이터 정리(요구정밀도: ±2㎛)

옵티컬 파라렐	간섭 무늬수(개)	단색 관원 반파장(μm)
1		
2		
3		
4		

3) 기차측정 데이터 정리(요구정밀도: ±0.004 mm)

기준값 (게이지블록) (mm)	측정값(mm)	기차(㎛)
0		
10.000		
15.000		
20.000		
25.000		

【계산과정】

스케줄표

마무리 학습 점검표

순	점검내용	평가표					비고
		5	4	3	2	1	
1	사용 전에 M/M의 0점 조정을 정확하게 실시할 수 있다						
2	옵티컬 플랫을 이용하여 앤빌 및 스핀들 부의 평면도를 계산할 수 있다						
3	옵티컬 패러럴을 이용하여 앤빌 및 스핀들 부의 평행도를 계산할 수 있다						
4	평가에 필요한 파장을 정확하게 이해하고 있다						
5	30분 내 답안지를 제출할 수 있다						

- **총점**

- **문제 발생 시 향후계획**

- **교수평**

본 평가는 옵티컬 플랫 및 패러럴을 이용하여 마이크로미터의 중요기능부인 앤빌과 스핀들부의 평면도와 평행도를 교정하는 평가입니다. 사용전에 반드시 광선정반의 표면을 깨끗하게 해야 정확한 파장을 읽을 수 있습니다. 그리고 평면도 및 평행도 계산 시에는 반드시 평가시험에 기록된 파장(λ)의 값을 적용하여 계산해야 됩니다.

저자소개

정현석

- 한국기술교육대학교 일반대학원 공학박사(메카트로닉스공학 전공)
- 대우자동차 기술연구소 시작품질팀 연구원
- 한국엔겔기계(주) 품질경영팀 부장
- 한국금형공학회 학술이사
- 현) 한국폴리텍대학 반도체융합캠퍼스 반도체품질측정과 교수

홍선기

- 한양대학교 공학대학원 기계공학 공학석사
- 한국산업기술대학교 일반대학원 공학박사 과정
- 주) 두산 개발팀 근무

정밀측정실습

초판 1쇄 인쇄 | 2020년 6월 05일
초판 1쇄 발행 | 2020년 6월 10일

공 저 자 | 정현석 • 홍선기

펴 낸 이 | 김호석
펴 낸 곳 | 도서출판 대가
경영지원 | 박미경
편 집 부 | 박은주 • 김지운
마 케 팅 | 오중환
관 리 부 | 한미정

등 록 | 제311-47호
주 소 | 경기도 고양시 일산동구 장항동 776-1 로데오메탈릭타워 405호
전 화 | (02) 305-0210 / 306-0210
팩 스 | (031) 905-0221
전자우편 | dga1023@hanmail.net
홈페이지 | www.bookdaega.com

ISBN | 978-89-6285-247-9 (93560)

■ 이 도서의 국립중앙도서관 출판예정도서목록(CIP)은 서지정보유통지원시스템 홈페이지(http://seoji.nl.go.kr)와 국가자료종합목록 구축시스템(http://kolis-net.nl.go.kr)에서 이용하실 수 있습니다. (CIP제어번호 : CIP2020010048)